GPS 反射信号建模及其应用研究

孙小荣　著

中国矿业大学出版社

·徐州·

内 容 提 要

GPS 反射信号与测站所处环境密切相关,故而体现出"双刃剑"的特点。其负面影响表现为降低导航定位的精度,积极作用体现为可有效利用 GPS 反射信号反演地表环境的相关信息。本书在简要介绍 GPS 反射信号的辨识、分离、削弱以及有效利用研究背景、进展情况和存在问题的基础上,分析了 GPS 反射信号的特性和基于 SNR 的 GPS-IR 技术机理,研究了 GPS 基线向量多路径误差反演、GPS-IR 技术应用和镜面反射点位置与反射区域估计等内容。

本书可供高等学校相关专业的研究生和从事相关研究的科研人员参考。

图书在版编目(C I P)数据

GPS 反射信号建模及其应用研究 / 孙小荣著. 一 徐州:中国矿业大学出版社,2021.10

ISBN 978 - 7 - 5646 - 5191 - 6

Ⅰ. ①G… Ⅱ. ①孙… Ⅲ. ①全球定位系统－信号处理－研究 Ⅳ. ①P228.4

中国版本图书馆 CIP 数据核字(2021)第220169号

书　　名	GPS 反射信号建模及其应用研究
著　　者	孙小荣
责任编辑	何　戈
出版发行	中国矿业大学出版社有限责任公司
	(江苏省徐州市解放南路　邮编 221008)
营销热线	(0516)83884103　83885105
出版服务	(0516)83995789　83884920
网　　址	http://www.cumtp.com　**E-mail**:cumtpvip@cumtp.com
印　　刷	徐州中矿大印发科技有限公司
开　　本	787 mm×1092 mm　1/16　**印张** 10　**字数** 188 千字
版次印次	2021 年 10 月第 1 版　2021 年 10 月第 1 次印刷
定　　价	35.00 元

(图书出现印装质量问题,本社负责调换)

前　言

GPS反射信号与测站所处环境密切相关,故而体现出"双刃剑"的特点。其负面影响表现为降低导航定位的精度;积极作用体现在可有效利用GPS反射信号反演地表环境的相关信息。本书主要研究了GPS反射信号特性、GPS基线向量多路径误差反演、基于SNR的GPS-IR技术机理、使用GPS-IR技术测量湖面高度与土壤含水量、镜面反射点位置与反射区域估计等问题。主要研究内容和成果如下:

(1)研究了任意位置和地表反射物对反射信号相位延迟的影响,比较了多路径误差的经典合成信号模型和HM合成信号模型的区别,分析了GPS信噪比观测值的形态。

(2)针对半参数模型反演GPS基线向量多路径误差秩亏问题,提出了参数分类约束的广义选权拟合法。推导了基于虚拟观测值的广义选权拟合等价模型和GPS基线向量误差在不同坐标系间的传播公式。

(3)鉴于现有研究对GPS-IR技术的反射波接收、低高度角信噪比观测值的使用、信噪比残差的形态等机理还未阐释清楚,且几乎都是通过实验进行解释的,因此,从理论和实验两个方面对GPS-IR技术机理进行了分析。

(4)研究了GPS-IR在测量湖面高度和土壤含水量中的应用。针对Lomb-Scargle频谱分析法只能处理弱噪声的大样本观测值,在GPS-IR测量湖面高度中,提出利用信赖域法解算反射信号参数,并分析了原始单位信噪比和单位线性化的信噪比对结果的影响。针对 GPS-IR 测量土壤含水量模型的系数矩阵存在误差,提出利用总体最小二乘法进行反射信号参数估计,并研究了反射信号相位与土壤含水量之间的函数关系。

(5) 研究了镜面反射点位置和反射区域估计方法。针对现有镜面反射点位置估计算法偏差较大且计算效率低的问题,提出了基于地球椭球面法线的椭球面算法和基于站心坐标系的平面算法。镜面反射点位置在不同坐标系间转换时,针对平面四参数坐标转换模型法方程系数矩阵病态性的问题,提出中心化坐标与缩小误差方程系数相结合的方法,有效改善了法方程系数矩阵的结构与病态性,获取了稳定可靠的转换参数。推导了 GPS 点位误差在不同坐标系间的传播公式,证明了基线向量误差与点位误差传播方法的等价性。

本书由宿迁学院孙小荣博士独立撰写,在撰写过程中,引用了国内外许多专家、学者的著作、论文等文献,在此表示衷心的感谢。在本书的写作及出版过程中,得到了中国矿业大学张书毕、郑南山教授及宿迁学院领导和同事的大力支持,在此向他们表达最诚挚的谢意。

由于水平有限,书中不可避免地会存在不足之处,敬请各位专家指正。

著　者
2021 年 5 月

目　　录

第 1 章 绪　　论

1.1 研究背景

　　GPS 在导航定位、气候探测、地壳运动监测等领域发挥了巨大作用,用户高精度的定位需求促使 GPS 导航定位解算技术不断提升,影响 GPS 定位精度的卫星轨道误差、电离层延迟和对流层延迟等空间相关误差的改正模型已日益精化。如 IGS 采用 IGS08 取代原有的 IGS05,削弱了卫星轨道误差的影响[1-3];增发 L5 载波后,利用双频观测可消除电离层延迟中二阶项的影响;对流层延迟现普遍使用 VMF(Vienna Mapping Function,维也纳映射函数)或 GMF(Global Mapping Function,全局映射函数),其精度得到较大提高。

　　测量型 GPS 接收机天线接收的卫星信号包括直射信号和经接收机天线周围反射物一次或多次反射的信号,两种信号产生干涉,形成多路径误差。多路径误差的产生和接收机所处环境有关,且其不具有空间相关性,无法建立精确的改正模型,至今仍制约着 GPS 在高精度定位方面的应用[4-9]。

　　长期以来,反射信号的研究目的一直是如何消除其影响以提高定位精度。近年来,研究发现从反射信号中能够提取出与地表环境有关的信息。GPS-R(Global Positioning System-Reflection,全球定位系统反射)[10-15]和 GPS-IR(GPS-Interferometric Reflectometry,GPS 干涉反射仪)[16-23]是两种反演地表环境信息的新型卫星遥感技术。GPS-R 测量需要两副天线,接收机记录的是伪随机码相关功率波形和多普勒频移[14-15],这种特殊的硬件需求极大地限制了其大范围地推广应用。GPS-IR 使用的观测设备是常规的测量型接收机及天线,不需要两副天线,也无须更改天线的朝向,其所用的观测值主要是载波信噪比(Signal-to-noise Ratio,SNR),测量型 GPS 接收机都具备输出这种观测值的功能。

　　利用 GPS-IR 监测地表环境信息的优势和意义在于目前广泛分布的连续运行参考站(Continuous Operational Reference Station,CORS)有望成为潜

在的地表环境监测传感器,能以较低的成本获得高时间分辨率的地表环境数据,其原因有:

(1) 与遥感监测不同,CORS 是一种位置和高度固定的地基观测系统,天线高度较低,菲涅耳区面积较小,能够保证反射区内地表环境基本稳定不变,测站周围几何环境稳定,干扰因素相对较少,从而易于获得真实的地表环境信息。

(2) 全球范围内有数以万计的参考站,除去一些建立在屋顶、岩石等无法使用的测站外,可以使用的站点数量仍然十分庞大[23],这些可用站点的观测条件较好,数据可用性高。

(3) CORS 的观测是连续不间断的,可以实现真正的全天候工作,能获取实时、高时间分辨率的地表环境数据。

(4) 无须改变 CORS 的工作模式,可以充分利用已有的观测设备及数据传输系统,几乎不需要成本投入。

(5) CORS 具有自定位和自定时能力,易于组建大范围的地表环境信息监测网。

本书以 GPS 反射信号为研究对象,进一步推进对多路径误差的深入认识并建模,同时探索利用反射信号反演地表环境信息。

1.2　国内外研究现状

针对 GPS 反射信号的辨识、分离、削弱以及有效利用已取得了相应的成果,现总结如下。

1.2.1　多路径误差处理研究现状

目前,多路径误差仍然是影响 GPS 定位精度的主要误差源之一。近年来,多路径误差处理的研究主要表现在以下几个方面。

1.2.1.1　多路径误差辨识

多路径误差的辨识可以在时间域或频率域内进行。时间域内的辨识是利用至少连续两天的观测数据计算出交叉相关系数,最大交叉相关系数对应的延迟时间应与卫星轨道的提前时间接近[8,24]。频率域内的辨识是通过频谱分析,多路径误差出现的频率和振幅(或功率)在连续两天内应非常接近[24]。

1.2.1.2 多路径误差处理方法

为了消除或削弱多路径误差对 GPS 定位精度的影响,国内外学者主要从以下 3 个方面开展研究工作[25-26]。

(1) 改进接收机天线硬件

通过设计特殊的天线或在天线下设置抑径板或抑径圈来消除或削弱多路径的影响。Groves 等[27]提出一种基于双极化天线的多路径误差消除方法,该方法充分考虑 GPS 直射信号是右旋圆极化信号,而单次反射信号是左旋圆极化信号的特性。通过在天线下设置抑径板或抑径圈来消除或削弱多路径误差是比较有效的方法[28],采用抑径板后多路径误差可减少 27%,使用 NASA (美国航空航天局)研制的抑径圈后多路径误差可减少 50%[29]。尽管天线改进能在一定程度上削弱多路径误差,但也存在一定局限性,如抑径板或抑径圈只对高度角较低的反射信号起到抑制作用,另外,改进的接收机天线造价高、体积大,不方便野外作业时使用。

(2) 改进接收机信号处理方法

卫星信号捕获与跟踪主要由接收机跟踪环路完成,跟踪环路由相关器、鉴相器和环路滤波器等构成,本地信号和卫星信号在相关器中生成线性相关函数,鉴相器通过搜索确定该函数最大值,实现码和载波相位的同步。反射信号混入直射信号使相关函数发生非线性畸变,其最大值点不再是跟踪误差最小点,由此产生多路径误差[26]。为改进卫星信号跟踪效果,Van Dierendonck 等[30]运用窄相关器技术将早和迟相关器的延时间隔减小到 0.1 Chip,同时采用比较大的中频带宽,对延时大的反射信号予以去除,效果比较显著。有学者提出的多路径消除技术(Multipath Elimination Technique,MET)实际上是对窄相关器技术的改进,通过估计双边自相关峰的斜率和振幅来获得峰值点的估计值。这两种方法均能削弱长延迟反射信号,但其局限在于只考虑了 DLL (Delay Lock Loop,延迟锁相环)中反射信号的影响,因此这两种方法只能改善伪距观测值中多路径误差的影响。Van Nee 等[31]提出多路径估计延时锁相环技术(Multipath Estimation Delay Lock Loop,MEDLL),该技术利用多个窄间隔的相关器估计多路径并将它从相关函数中剔除以提供更纯净的信号相关函数。MEDLL 同时处理了 DLL 与 PLL(Phase Lock Loop,锁相环)中多路径的影响,可将伪距和相位观测值中的多路径误差减少 90%[32],但缺点是对硬件的要求较高,计算量也较大。此外,有学者提出了一种改进的 DLL 技术——MRDLL(Modified Rake DLL,改良耙延迟锁相环)来估计直射信号和反射信号,MRDLL 技术减小了码相位和载波相位误差,但这种方法需要大量的相关器,因而对硬件资源的消耗比较大。还有学者提出了一种采用基于相关器的多路径消除算法,称为 Clear Track 算法,该算法对码多路径的消除效果较好,其最大码多路径误差仅为窄相关器的 1/4。

针对窄相关和 MEDLL 等技术存在的弊端,孙晓文等[33]提出一种基于MRake(Modified Rake,改良耙)模型的反射信号削弱方法,该方法将接收机所接收的直射信号和反射信号进行分离,分别对其进行跟踪,在跟踪直射信号的同时,将接收信号中的反射信号成分减去,在反射信号延迟大于 1/15 且小于 3/2 码片时,MRake 接收机产生的多路径误差只有传统接收机的 43%;反射信号延迟大于 3/2 码片时,MRake 接收机和传统接收机中都不存在多路径误差;但多路径信号延迟小于 1/15 码片时,MRake 接收机的性能并没有提高。由此可见,对于短延迟的多路径误差,该方法的削弱效果也不够显著。

(3) 改进观测数据处理方法

观测数据后处理技术因无须更新硬件设备,只通过更新软件或算法模块来消除多路径误差,因而备受用户青睐。目前,后处理技术代表性的方法有天线阵列法、信噪比法、反射信号计算法、多路径重复性法等。

① 天线阵列法。利用至少 5 个天线组成的天线阵列同时接收 GPS 信号[26],由于天线的位置不同,因此多路径对每颗卫星的空间关系也不一样,通过建立 5 个多路径特征方程解算出多路径特征的 5 个参数,即可得出被反射信号污染的那部分 GPS 信号,再从观测值中减去这部分信号就可达到消除多路径误差的目的,可使多路径误差减少 70%。但在实际测量中,天线阵列难以携带,故并不实用。

② 信噪比法。利用相位观测值和信噪比都是反射物位置和方位的函数这一性质[34],用信噪比估计出反射物的几何信息,从而得到相位观测值的多路径误差。但信噪比并不是接收机的标准输出值,不同接收机提供的信噪比值精度差异很大,实际应用也有其局限性。

③ 反射信号计算法。根据 GPS 天线周围的环境以及卫星的高度角和方位角确定天线接收到的反射信号的几何特征,并根据每个反射物的反射系数计算反射信号的能量,然后依据反射信号的能量及几何特征计算每颗卫星的多路径误差改正数。该方法需要对观测环境有充分的认识,实际应用意义也不够突出。

④ 多路径重复性法。当天线的位置及其周围的环境不变或变化较小时,GPS 多路径将随着卫星位置的变化而变化,而卫星的运行周期为一个恒星日,因此多路径误差也将以此为周期进行变化,利用这个特性通过恒星日滤波

法即可有效地削弱多路径的影响[35-37]。目前,恒星日滤波法可以在观测值域或坐标域中进行,这两种方法在计算效率和精度上略有差异[38]。恒星日滤波法涉及两个关键问题:一是如何确定卫星的运行周期;二是如何分离出多路径误差改正模型。

针对第一个问题,Agnew 等[36]分析了 1996 年至 2006 年的 GPS 卫星周期,发现每颗卫星运行周期皆不相同,其平均每日提前时间相较于半个恒星日与视太阳日的差值 236 s 略短。Larson 等[39]、段海涛等[40]对其又做了改进,提出了改进的恒星日滤波法,从而使传统的恒星日滤波法变得更加精细。

第二个问题是如何利用各种滤波方法进行消噪并分离出具有重复性的多路径误差改正模型,这些滤波方法主要有自适应带通有限长单位脉冲响应滤波 FIR、LMS 滤波、小波滤波、基于交叉认证的 Vondrak 滤波、自适应滤波与小波滤波相结合以及基于经验模式分解的滤波消噪法等。目前,国内外学者研究成果有:Ge 等[41]根据最小二乘原理,利用自适应滤波来滤除多路径误差,通过对连续几天的 GPS 伪距与载波相位观测值进行处理,可以获取多路径误差的模型,并通过实验证明了这种方法的可行性。Moschas 等[42]研究动态多路径对桥梁结构监测的影响,由于多路径误差的振幅远大于常态下振动的振幅,采用小波分析法进行处理有效地筛分出结构微小振动和各类影响项。黄声享等[43]、Satirapod 等[44]分别在动态监测观测数据和双差观测值中进行小波滤波,其能有效地削弱多路径误差的影响,定位精度均提高到毫米级。Dong 等[45]研究了在 GNSS 短基线定位中,MHM(多路径映射)和 SF(恒星日滤波)/ASF(高级恒星日滤波)方法的性能,结果表明:MHM 和 ASF 方法在短时间内均有良好的残差削弱(50%),在较长时间内保持约 45% 的抑制水平,ASF 模型更适合于抑制高频率多路径影响,而 MHM 模型则对中低频率多路径削弱比较敏感。在 GNSS 短基线定位中,Chen 等[46]从数值分析角度提出基于稀疏促进正则化的多路径滤波方法,实验结果表明其定位精度在东、北、上方向分别提高约 20.8%、26.3%、37.8%,在运动模式下,模糊度的固定率平均提高 3.7%。Dai 等[47]提出 PCA-EMD-ICA-R 组合法,即先使用主成分分析方法提取先验去噪的多路径作为参考,然后将经验模态分解和独立分量分析联合用于多路径建模和更新参考多路径,实验结果表明:在静态条件下提取可靠的参考多路径信号,可有效地抑制多路径干扰约 67%。Liu 等[48]对 LMS 自适应滤波进行了改进,提出了变步长的 VLLMS 算法,LMS 自适应滤波结果在三维精度上有 22% 的改进,而 VLLMS 算法的精度改进则达到 47%。

1.2.2 反射信号应用研究现状

近年来,GPS-IR 技术用于监测近地空间水环境研究主要表现在以下几个方面。

1.2.2.1 测量雪深

GPS-IR 最早的应用是测量冰雪层的物理参数,Jacobson[16-17] 利用 GPS 接收机 L1 载波在高度角 2°～40°间的相对接收功率实现了湖面冰层厚度的反演,根据冰和水在介电常数上的区别从而产生不同的反射功率,建立了相对接收功率与冰层厚度的函数模型,根据同一原理研究实现了雪深的测量,同时还获取了积雪的介电常数。相对接收功率并不是 GPS 接收机的输出值,因此这种方法需要辅助设备记录相对接收功率,在使用上有一定的局限性。Nievinski 等[18-20,49-50]对利用 GPS-IR 测量地表雪深进行了深入研究,尤其是对雪深反演的相关物理模型进行了归纳和推导,提出了利用 SNR 观测值测量雪深的正演模拟和反演模拟模型。Gutmann 等[21] 使用其他多种传感器对 GPS-IR 测量雪深的结果进行了检核,对反演结果的精度进行了评估。Ozeki 等[51] 和 Hefty[52] 分别利用 GPS 参考站无几何距离组合观测值 L4(L1、L2 载波的相位观测线性组合)成功实现了地表雪深测量,与利用 SNR 获得的结果具有一致性。Yu 等[53] 提出了基于三频观测值组合的 GPS-IR 算法,分别对基于 SNR、L4 和三频观测值组合的 GPS-IR 算法进行了实测数据验证,获得了较好的雪深反演结果。Najibi 等[54]、Jin 等[55] 利用 GPS 的无几何距离组合 L4 观测值对雪深和雪面温度等地表特征参数开展了反演研究,并采用非参数统计估计模型获取了精确的降雪天气的地表参数。接着,Jin 等[56] 利用 L2P 和 L1C 的 SNR 观测值进行了雪深反演,还分析了不同高度角和采样频率的设置对反演结果的影响。

1.2.2.2 测量水面高度

Larson 等[57] 首次将 GPS 的 SNR 观测值用于潮位测量,证实地基 GPS 反射信号可以用来测量潮位。Larson 等[58] 利用 Friday(费赖迪)港布设的 SC02 站,进行了长达 10 年的潮位反演,并且利用反演潮位序列进行了海潮潮波系数探测,他们也改进了动态改正算法和大气折射改正算法。在国内,吴继忠 等[59-60]利用测量型 GPS 接收机输出的 SNR 观测值估计出反射信号的频率,建立反射信号频率与反射水面高度的函数模型,实验结果表明:在良好观测条件下利用反射信号得到的水面高度的标准偏差为±3 cm,在观测条件较差的海面上也能够获得与验潮仪非常一致的结果。张双成等[61]也进行了潮位变化测量分析,与验潮站结果差值的均值为 10 cm 左右,两者的相关系数均优于 0.98。

1.2.2.3　测量土壤含水量

在利用 GPS-IR 研究土壤含水量领域,首次开展相关研究工作的是 Larson 等[62],利用 GPS 接收机输出的 L2 载波 SNR 观测值分离出多路径信号引起的 SNR 变化量,再与土壤体积含水量进行对比分析,发现二者的变化趋势基本一致,在此基础上研究了反射信号初始相位偏差、反射物高度与土壤含水量之间的关系,发现反射信号参数变化对土壤表层 5 cm 内的土壤含水量变化最为敏感,7 个月的观测数据表明初始相位偏差时间序列和土壤含水量时间序列的相关系数为 0.76～0.90,反射物高度与土壤含水量的相关系数为 0.68～0.86,说明土壤含水量的变化对反射信号干涉参数有明显的影响,并且二者之间具有很强的相关性,但当土壤含水量低于 0.1 cm^3/cm^3 时相关性减弱[63]。Zavorotny 等[64]提出了信号功率、天线增益与多路径信号间在理想条件下(如反射面为裸土、单次散射等)的正演模型。Chew 等[65]在 Larson 和 Zavorotny 研究的基础上,同样发现反射信号的初始相位偏差对土壤表层的含水量变化较为敏感,可以用一元线性回归模型来表示,模型精度可达到 0.03 cm^3/cm^3,同时发现植被高度对回归模型有较大影响;随后 Chew 等[65]通过大量的实验表明地表 5 cm 以内的土壤含水量状况对干涉参数影响最大,尤其是地表 1 cm 以内的土壤发挥的作用尤其关键,在相同的土壤含水量下,土壤类型对干涉参数的影响可忽略不计,基于单次散射的前提下建立了初始相位偏差与土壤含水量的一元线性回归模型,模型显示初始相位偏差 20° 的变化对应土壤体积水含量 0.31 的变化。德国地球科学研究中心(GFZ)开展了一项利用地基 GNSS 参考站估计地表土壤含水量的研究计划,初步测试选择了位于南非的 GNSS 参考站 2013 年 1 月到 8 月的观测数据,分析方法是用高度角在 5°～30° 间的卫星 SNR 观测值获得反射信号的初始相位,再利用 Chew 等[66]提出的回归模型将初始相位转换为土壤含水量,由 GNSS 获得的结果与 TDR(Time Domain Reflectometry,时域反射仪)传感器观测值进行了对比。Vey 等[67]研究了 GPS 采样频率对土壤含水量反演精度的影响,随着 SNR 采样率的降低,土壤含水量误差有逐渐变大的趋势。美国科罗拉多大学的拉尔森联合了美国大学大气研究联盟、美国国家海洋和大气管理局等旗下的十余所大学和科研机构成立了 GPS 反射信号利用研究小组,致力于利用 GPS 参考站进行水循环的科学研究,实现地表土壤含水量、积雪厚度、植被指数、干旱等生态指标的准实时监测。Chew 等[66]考虑到植被覆盖土壤的情况,提出了一种消除植被对 SNR 影响的方法,以获取绝对的土壤含水量。Vey 等[67]利用 6 年的 GPS 多频 SNR 观测值进行了土壤含水量反演,通过与实测的土壤含水量结果进行对比,发现 L2C 获得的反演结果优于 L1C 和 L2P 的反演结果。

在国内,敖敏思等[68-69]将反射信号振幅与土壤水含量的变化趋势进行了对比,并建立了描述反射信号相位偏差与土壤含水量关系的指数函数模型。敖敏思等[70]还引入时间窗口,采用自相关分析确定窗口长度,利用窗口内样本动态线性回归构建预测和插值模型反演土壤含水量,提高了土壤含水量反演精度。吴继忠等[71]研究了考虑多个反射信号分量时的土壤含水量估计问题,利用改进的反射信号参数估计方法可获得更加准确可靠的结果,反射信号相位与土壤含水量间存在显著的线性相关,可建立土壤含水量的线性反演模型,但在连续降雨条件下会存在较大误差。

1.3　存在的问题

综上所述,现有研究中存在如下问题:

(1) 半参数模型反演 GPS 基线向量多路径误差存在秩亏问题。

(2) 对 GPS-IR 技术的反射信号接收、低卫星高度角信噪比观测值的使用、信噪比残差的形态等机理阐释不清楚。

(3) 在 GPS-IR 技术测量水面高度中,Lomb-Scargle 频谱分析法只能处理弱噪声的大样本观测值。

(4) 在 GPS-IR 技术测量土壤含水量中,最小二乘法估计反射信号参数未考虑观测方程系数矩阵误差。

(5) 镜面反射点位置估计算法偏差较大且计算效率低。

1.4　研究内容与章节安排

本书主要研究 GPS 反射信号的建模及其应用,主要研究内容如下:

第 1 章绪论。论述本书的研究背景,综述 GPS 反射信号处理及应用的进展情况和存在问题,最后介绍本书的研究内容。

第 2 章反射信号特性分析。研究任意位置和地表反射物对反射信号相位延迟的影响,比较多路径误差表示的经典合成信号模型和 HM 合成信号模型的区别,分析 GPS 信噪比观测值的形态。

第 3 章 GPS 基线向量多路径误差反演。将选权拟合法扩展为对所有参数进行分类约束,对不同类参数分别构造正则化矩阵。推导广义选权拟合法的等价模型和单位权中误差计算公式,并给出选取正则化矩阵的方案。将等价模型应用于半参数模型来反演 GPS 基线向量多路径误差。研究 GPS 基线向量误差在不同坐标系之间的传播。

第 4 章 基于 SNR 的 GPS-IR 技术机理分析。分析 GPS-IR 技术的反射信号接收、低高度角信噪比观测值的使用、信噪比残差的形态等机理。

第 5 章 GPS-IR 监测近地空间水环境。在 GPS-IR 技术测量湖面高度中,利用基于稳健非线性最小二乘估计的信赖域法解算反射信号参数,分析原始单位信噪比和单位线性化信噪比对结果的影响。在 GPS-IR 技术测量土壤含水量中,利用总体最小二乘法进行反射信号参数估计,并研究反射信号相位与土壤含水量之间的函数关系。

第 6 章 镜面反射点位置与反射区域估计。研究镜面反射点在 WGS-84 坐标系下的位置及有效测量区域的确定,并研究 WGS-84 坐标系与其他坐标系之间的转换问题,同时研究 GPS 点位误差在不同坐标系之间的传播以及 GPS 基线向量与点位误差传播方法的等价性。

第 7 章 总结与展望。这是本书的总结及对未来工作的展望。

本书各章之间的衔接关系如图 1-1 所示。

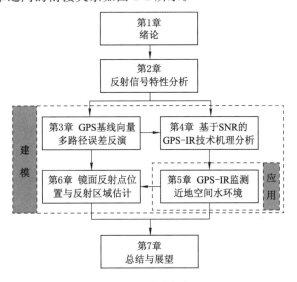

图 1-1 本书框架

第 2 章　反射信号特性分析

2.1　概述

测量型 GPS 接收机天线接收的卫星信号包括直射信号和经接收机天线周围反射物一次或多次反射的信号,两种信号产生干涉,形成多路径误差。对 GPS 反射信号的相位延迟、直射信号和反射信号的合成模型、SNR 观测值的形态等进行分析,为本书后续研究提供理论基础。

2.2　反射信号的相位延迟

2.2.1　任意位置反射物的相位延迟

在图 2-1(a)所示的站心坐标系中,以接收机天线相位中心为原点,A^s、E^s 为卫星的大地方位角和高度角;A_R、E_R 为反射物的大地方位角和高度角;d、d_H 为反射物到接收机天线的斜距和平距。站心坐标系的建立方法参考第 6 章 6.2.3。

反射信号的路径延迟 ds 可表示为:

$$ds = d + d\cos \gamma = d(1 + \cos \gamma) \tag{2-1}$$

式中　γ——直射信号方向与反射物到接收机天线连线的夹角。

根据式(2-1),反射信号的相位延迟 $\Delta\Phi_M$ 可表示为:

$$\Delta\Phi_M = \frac{2\pi}{\lambda}ds = \frac{2\pi d}{\lambda}(1 + \cos \gamma) \tag{2-2}$$

式中　λ——载波波长。

根据图 2-1(a),卫星和反射物在站心坐标系中的位置可表示为:

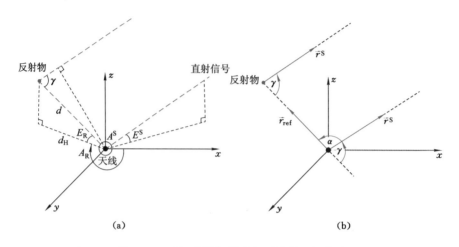

图 2-1 卫星-反射物-接收机天线的几何关系

$$\begin{cases} x^{S} = r^{S}\cos E^{S}\cos A^{S} \\ y^{S} = r^{S}\cos E^{S}\sin A^{S} \\ z^{S} = r^{S}\sin E^{S} \end{cases} \quad (2\text{-}3)$$

$$\begin{cases} x_{\text{ref}} = r_{\text{ref}}\cos E_{R}\cos A_{R} \\ y_{\text{ref}} = r_{\text{ref}}\cos E_{R}\sin A_{R} \\ z_{\text{ref}} = r_{\text{ref}}\sin E_{R} \end{cases} \quad (2\text{-}4)$$

式中 x^{S}、y^{S}、z^{S}——卫星的站心直角坐标;

x_{ref}、y_{ref}、z_{ref}——反射物的站心直角坐标;

r^{S}、r_{ref}——卫星到接收机的距离和反射物到接收机的距离。

卫星和反射物的位置单位向量 $\vec{r}^{S}$、$\vec{r}_{\text{ref}}$ 如图 2-1(b)所示,可表示为:

$$\vec{r}^{S} = \begin{bmatrix} \cos E^{S}\cos A^{S} \\ \cos E^{S}\sin A^{S} \\ \sin E^{S} \end{bmatrix} \quad (2\text{-}5)$$

$$\vec{r}_{\text{ref}} = \begin{bmatrix} \cos E_{R}\cos A_{R} \\ \cos E_{R}\sin A_{R} \\ \sin E_{R} \end{bmatrix} \quad (2\text{-}6)$$

根据式(2-5)、式(2-6),向量 $\vec{r}^{S}$、$\vec{r}_{\text{ref}}$ 的数量积可表示为:

$$\cos \alpha = \frac{\vec{r}^{S} \cdot \vec{r}_{\text{ref}}}{\parallel \vec{r}_{S} \parallel \parallel \vec{r}_{\text{ref}} \parallel} = \vec{r}^{S} \cdot \vec{r}_{\text{ref}}$$

$$= \cos E^S \cos A^S \cos E_R \cos A_R + \cos E^S \sin A^S \cos E_R \sin A_R + \sin E^S \sin E_R$$

$$= \cos E^S \cos E_R (\cos A^S \cos A_R + \sin A^S \sin A_R) + \sin E^S \sin E_R$$

$$= \cos E^S \cos E_R \cos(A^S - A_R) + \sin E^S \sin E_R \tag{2-7}$$

式中　α——向量 $\overrightarrow{r^S}$、$\overrightarrow{r_{ref}}$ 的夹角；

　　　$\|\cdot\|$——向量 2 范数。

由图 2-1(b)可知,角 α、γ 互补,因此有:

$$\cos \gamma = \cos(180° - \alpha) = -\cos \alpha \tag{2-8}$$

式(2-2)可表示为:

$$\Delta\Phi_M = \frac{2\pi}{\lambda} \frac{d_H}{\cos E_R} [1 - \cos E^S \cos E_R \cos(A^S - A_R) - \sin E^S \sin E_R]$$

$$\tag{2-9}$$

为了分析反射物的大地方位角、高度角及其到接收机的距离对反射信号相位延迟影响情况,随机确定 GPS 接收机的位置和选取一颗卫星,接收机在 WGS-84 坐标系下的空间直角坐标为(- 2 505 097.723,4 665 541.338, 3 543 096.726),单位为 m,接收机观测了 PRN14 卫星从世界时 2016 年 1 月 1 日 6:00:00—13:00:00 的数据,计算取历元间隔为 1″,卫星位置由 IGS 精密星历插值得到。该卫星的高度角和大地方位角如图 2-2(a)所示。L1 载波的相位延迟模拟结果如图 2-2(b)、(c)、(d)所示。

由图 2-2 可知,反射物的大地方位角、高度角和反射距离对反射信号相位延迟的影响均较大,其中反射距离的影响最大;反射物高度角越高或反射距离越大,反射信号相位延迟变化越大。

2.2.2　地表反射物的相位延迟

当以地表为反射物时(这是反射信号发生的主要情况),其路径延迟如图 2-3 所示。由图 2-1 和菲涅耳反射定律可知,$A^S = A_R$,$\gamma = 180° - 2E^S$,$d = h/\sin E^S$,$E^S = -E_R$,式(2-1)、式(2-9)可简化为:

$$ds = 2h \sin E^S \tag{2-10}$$

$$\Delta\Phi_M = \frac{2\pi}{\lambda} ds = \frac{4\pi h \sin E^S}{\lambda} \tag{2-11}$$

式中　h——接收机天线相位中心与反射点的垂直距离(简称垂直反射距离)。

为了分析卫星高度角和垂直反射距离对反射信号相位延迟的影响情况,采用上述的接收机和卫星位置。地表反射物的反射信号相位延迟如图 2-4 所示。

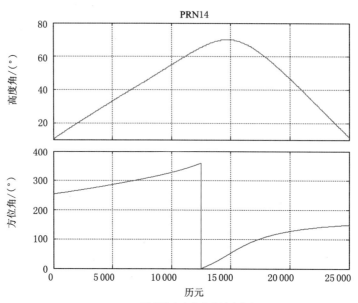

（a）卫星的高度角和大地方位角

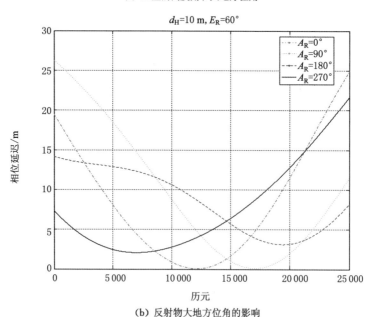

（b）反射物大地方位角的影响

图 2-2　反射物参数对相位延迟的影响

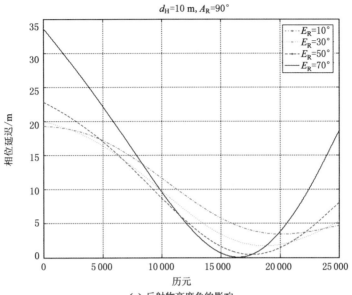

（c）反射物高度角的影响

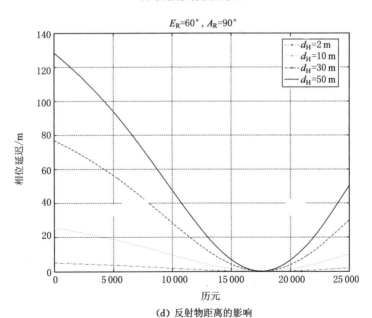

（d）反射物距离的影响

图 2-2（续）

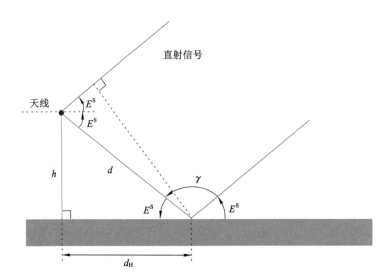

图 2-3　地表反射物的路径延迟

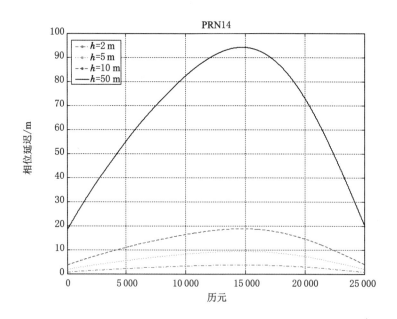

图 2-4　地表反射物的反射信号相位延迟

由图 2-4 可知,垂直反射距离越大或卫星高度角越大,反射信号相位延迟越大。

2.3 合成信号的表示模型

GPS 接收的直射信号和反射信号的合成信号 s 可表示为[72]:

$$s = \underbrace{AP(t-\tau_0)\cos(\omega_0 t + \theta_0)}_{\text{直射信号}} +$$

$$\underbrace{A\sum_{k=1}^{N}\alpha_k P(t-\tau_0-\tau_k)\cos[\omega_0 t + \theta_0 + \Delta\Phi_{\mathrm{M},k} + (\Delta\omega_k - \Delta\omega_0)t]}_{N\text{个反射信号}}$$

$$(2\text{-}12)$$

式中 P——测距码;

A——直射信号振幅;

t——观测时间;

τ_0——直射信号的传播时间;

ω_0——直射信号的角频率,$\omega_0 = 2\pi f$;

$\Delta\omega_0$——多普勒频移;

θ_0——直射信号的相位;

α_k——第 k 个反射信号的反射系数,$0 \leqslant \alpha_k \leqslant 1$;

τ_k——第 k 个反射信号的时间延迟;

$\Delta\Phi_{\mathrm{M},k}$——第 k 个反射信号的相位延迟;

$\Delta\omega_k - \Delta\omega_0$——直射信号与第 k 个反射信号的多普勒频移差。

2.3.1 经典合成信号模型

图 2-5 表示直射信号与一个反射信号的合成过程,A_{d}、A_{M}、A_{c} 分别为直射信号、反射信号和合成信号的振幅。

由图 2-5 可知,a、b 和相位延迟的关系为:

$$\begin{cases} a = A_{\mathrm{M}}\cos\Delta\Phi_{\mathrm{M}} \\ b = A_{\mathrm{M}}\sin\Delta\Phi_{\mathrm{M}} \end{cases} \qquad (2\text{-}13)$$

因直射信号和反射信号的振动方向和频率相同,故合成信号振幅可表示为:

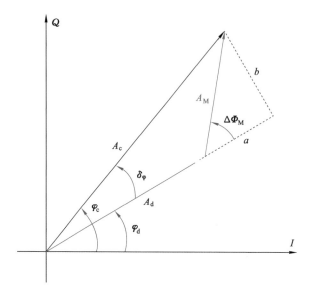

图 2-5　信号的振幅关系

$$A_c = \sqrt{(A_d + a)^2 + b^2} = \sqrt{A_d^2 + A_M^2 + 2A_d A_M \cos \Delta\Phi_M} \qquad (2\text{-}14)$$

当反射系数为 α 时，$A_M = \alpha A_d$，式(2-14)变为：

$$A_c = A_d \sqrt{1 + 2\alpha \cos \Delta\Phi_M + \alpha^2} \qquad (2\text{-}15)$$

由反射信号引起的相位多路径误差(以弧度为单位)可表示为：

$$\delta_\varphi = \arctan\left(\frac{b}{A_d + a}\right) \qquad (2\text{-}16)$$

进一步可得：

$$\delta_\varphi = \arctan\left(\frac{\alpha \sin \Delta\Phi_M}{1 + \alpha \cos \Delta\Phi_M}\right) \qquad (2\text{-}17)$$

对于多个反射信号，根据式(2-12)，式(2-15)、式(2-17)可扩展为：

$$A_c = A_d \sqrt{\left(1 + \sum_{k=1}^{N} \alpha_k \cos \Delta\Phi_{M,k}\right)^2 + \left(\sum_{k=1}^{N} \alpha_k \sin \Delta\Phi_{M,k}\right)^2} \qquad (2\text{-}18)$$

$$\delta_\varphi = \arctan\left(\frac{\displaystyle\sum_{k=1}^{N} \alpha_k \sin \Delta\Phi_{M,k}}{1 + \displaystyle\sum_{k=1}^{N} \alpha_k \cos \Delta\Phi_{M,k}}\right) \qquad (2\text{-}19)$$

利用式(2-17)绘制 L1 载波的多路径误差,如图 2-6 所示。

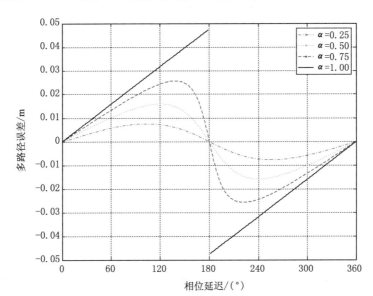

图 2-6　多路径误差与反射系数的关系

由图 2-6 可知,多路径误差随相位延迟存在周期性变化;反射系数越大,多路径误差越大。

当以地表为反射物时,由式(2-11)、式(2-17)可得多路径误差(以长度为单位)为:

$$\delta_{\varphi} = \frac{\lambda}{2\pi}\arctan\left[\frac{\alpha\sin\left(\frac{4\pi h \sin E^{\mathrm{s}}}{\lambda}\right)}{1 + \alpha\cos\left(\frac{4\pi h \sin E^{\mathrm{s}}}{\lambda}\right)}\right] \qquad (2-20)$$

利用式(2-20)绘制 L1 载波的多路径误差,如图 2-7 所示。

由图 2-7 可知,多路径误差随卫星高度角呈周期性变化,其频率和大小受高度角的影响小;垂直反射距离越大,多路径误差的频率越高;反射系数越大,多路径误差越大。

2.3.2　HM 合成信号模型

上述经典合成信号模型没有顾及接收机天线增益、反射物粗糙度和反射物介电常数对多路径误差的影响。Tregoning 等[73]提出了一种改进模型,记

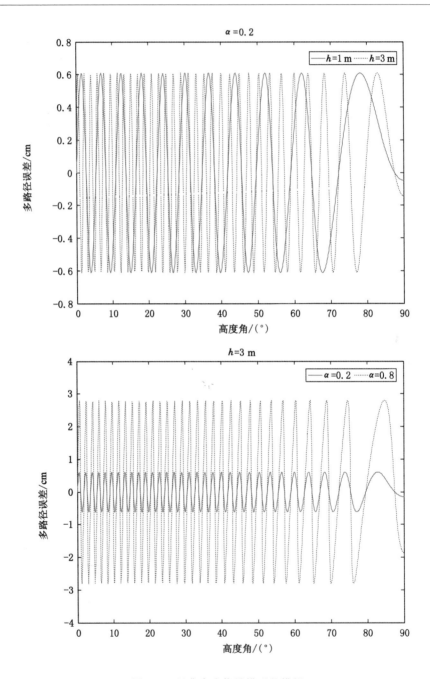

图 2-7 经典合成信号模型的模拟

为 HM 合成信号模型,其表达式为:

$$\delta_\varphi = \frac{\lambda}{2\pi} \arctan\left[\frac{\alpha \sin\left(\frac{4\pi h \sin E^S}{\lambda}\right)}{g_d + \alpha \cos\left(\frac{4\pi h \sin E^S}{\lambda}\right)} \right] \tag{2-21}$$

式中 g_d——接收机天线对直射信号的增益,$g_d = \cos[(90° - E^S)/G]$。

G——接收机天线增益的变化率,一般取 $G = 1.1$。

α——反射系数,其表达式为:

$$\alpha = S g_R R_\perp \tag{2-22}$$

式中 S——反射物粗糙度;

g_R——接收机天线对反射信号的增益,$g_R = \cos(90°/G)(1 - \sin E^S)$;

$R_\perp$——菲涅耳公式的垂直极化波反射系数,其表达式为[14]:

$$R_\perp = \frac{\sin E^S - \sqrt{\varepsilon_{12} - \cos^2 E^S}}{\sin E^S + \sqrt{\varepsilon_{12} - \cos^2 E^S}} \tag{2-23}$$

式中 $\varepsilon_{12} = \varepsilon_2/\varepsilon_1$,$\varepsilon_1$、$\varepsilon_2$ 分别为空气和反射物介电常数。

利用式(2-21)绘制 L1 载波的多路径误差,如图 2-8 所示。

由图 2-8 可知,多路径误差随卫星高度角呈周期性变化,高度角越高,多路径误差越小;垂直反射距离越大,多路径误差的频率越高;反射物粗糙度越大,多路径误差越大;反射物介电常数对多路径误差的频率和大小影响较小。

2.3.3 GPS 信噪比关系

GPS 的信噪比关系为:

$$\text{SNR} = \text{SNR}_d + \text{dSNR} \tag{2-24}$$

式中 SNR——合成信号信噪比;

SNR_d——直射信号信噪比;

dSNR——信噪比残差。

在 GPS 接收机输出的 SNR 中,SNR_d 决定着 SNR 的总体变化趋势,即相当于 SNR 的趋势项,而 dSNR 则表现为局部的周期性波动,认为其主要是由反射信号影响所致。SNR_d 序列呈近似"抛物线"形态,dSNR 序列呈近似"余弦曲线"形态,SNR 序列就呈近似"抛物线＋余弦曲线"形态。可使用二阶多项式拟合得到 SNR_d,再由式(2-24)实现二者的分离[74]。

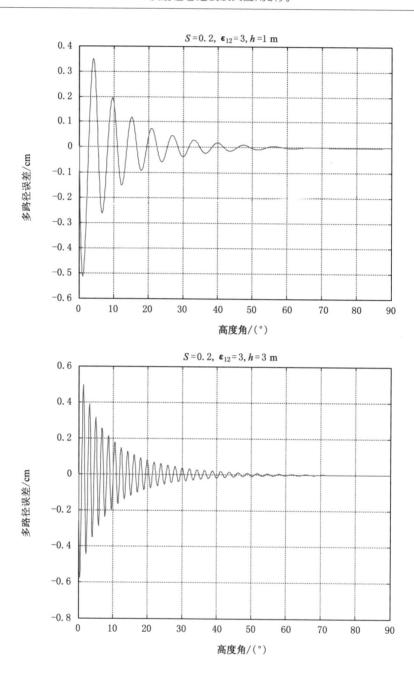

图 2-8 HM 合成信号模型的模拟

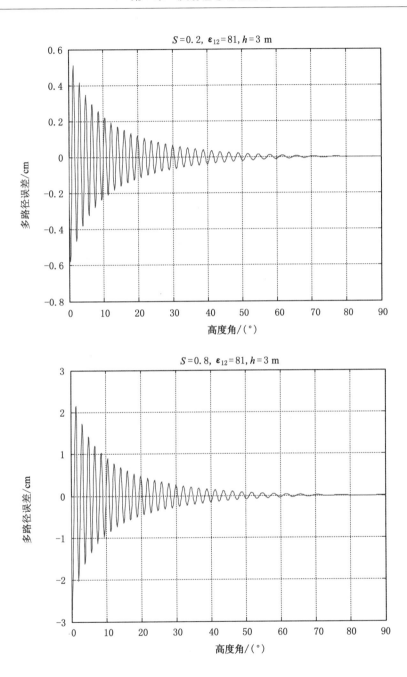

图 2-8(续)

2.3.3.1 海面观测实验

实验使用的 GPS 数据是美国的板块边界观测（Plate Boundary Observatory，PBO）计划 SC02 站于 2014 年年积日（Date Of Year，DOY）43 的 PRN26 卫星的观测数据，采样间隔为 15 s，接收机为 Trimble NetRS，天线类型为 TRM29659.00。其在一天内 2 个"上升-下降"阶段首尾相接的 SNR 变化曲线如图 2-9 所示。

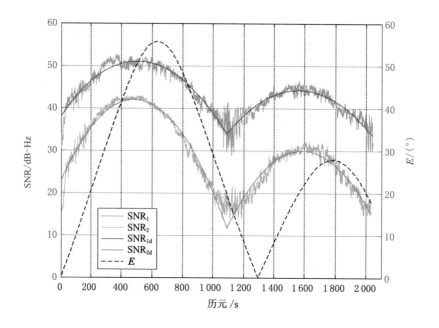

图 2-9 PRN26 卫星 SNR 变化曲线

由图 2-9 可知，在一天内，同一颗卫星的 L1、L2 载波的 SNR 序列总体变化趋势基本相同，L1 载波 SNR 大于 L2 载波 SNR，但 L2 载波 SNR 比 L1 载波 SNR 变化幅度大。在高度角较高时，接收机天线增益较大，使得 SNR_d 变大、dSNR 变小，反之亦然。反射波的强度与高度角密切相关，总体来看，在低高度角时，SNR 受反射波影响严重，此时信噪比残差的振幅较大。

2.3.3.2 湖面观测实验

（1）实验数据采集

于 2011 年年积日 133 在武汉市东湖岸边开展了实验。实验采用 Trimble R8 接收机,能够接收 GPS 和 GLONASS(格洛纳斯)信号,本书只使用 GPS 信号。实验观测条件较好,视野开阔无遮挡,可以较好地接收来自湖面的反射信号。实验观测时长约 4 h,采样间隔为 1 s。根据气象台发布的信息,实验期间风速在 1~3 m/s 之间,湖面波浪起伏比较平缓,为数厘米。湖面水位在 4 h 之内可以认为是不变的。

(2)实验数据处理

限于篇幅,只绘制了 PRN5 卫星在"下降"阶段的变化曲线(图 2-10)。

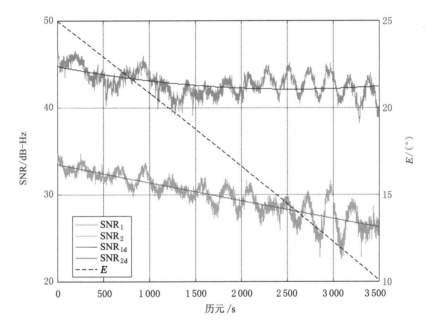

图 2-10　PRN5 卫星 SNR 变化曲线

PRN5 卫星 L2 载波的信噪比残差序列及其拟合结果如图 2-11 所示。

图 2-10 所得结果与图 2-9 类似。由图 2-11 可知,信噪比残差序列具有明显的余弦特性,拟合结果更加明显地反映了这一特性。因此,GPS-IR 只利用低高度角(如 30°以下)时的信噪比残差,信噪比残差变化也进一步说明了接收机能够接收到反射波。

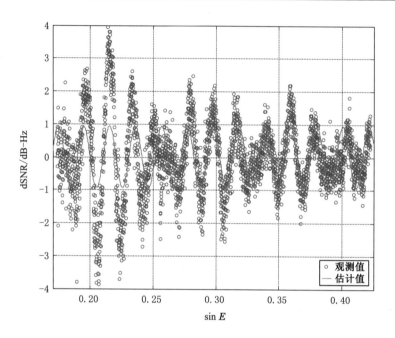

图 2-11 PRN5 卫星 L2 载波 dSNR 观测值与估计值

2.4 本章小结

本章研究了任意位置和地表反射物对反射信号相位延迟的影响。对于任意位置反射物,反射物的大地方位角、高度角和反射距离对反射信号相位延迟的影响均较大;对于地表反射物,垂直反射距离和卫星高度角对反射信号相位延迟的影响较大。本章还比较了表示多路径误差的经典合成信号模型和 HM 合成信号模型的区别,HM 模型表示反射信号的变化更加合理,并分析了 GPS 信噪比观测值的形态。

第 3 章　GPS 基线向量多路径误差反演

3.1　概述

在形变监测等 GPS 精密定位中,多路径误差是一个主要的误差来源。因相邻两天 GPS 卫星的几何分布、反射物和 GPS 接收机天线位置没有明显变化,在相同的观测时段,GPS 多路径误差表现为很大的重复性,即其具有周期性,属于系统误差的范畴[42-43,45,75-76]。系统误差的特性非常复杂,既具有延续性,又具有偶然性[77],很难用确定性的模型来描述。第 1 章已经对多路径误差的辨识、消除或削弱方法进行了介绍。

半参数模型是处理系统误差一种比较好的方法[78],但半参数模型是秩亏模型,需要解决其不适定性。选权拟合法是用来解决不适定问题的一种方法,它是正则化方法的改进。选权拟合法既有理论依据,也有物理意义,已在快速解算模糊度[79-80]、GPS 电离层层析反演[81]、GPS 水汽层析反演[82]、GPS 定位[83-85]、飞行器交会对接[86]、重力密度反演[87]等方面得到了广泛应用。

正则化方法可对全部或部分参数进行约束,而选权拟合法只对部分有先验信息(如参数的方差协方差阵、参数的变化规律等)的参数进行约束,但实际可能所有参数的先验信息都已知。对选权拟合法进行扩展,扩展为对所有参数进行分类约束,即对不同类参数分别构造正则化矩阵,将扩展后的选权拟合法称为广义选权拟合法。为了实用的需要,推导基于虚拟观测值的广义选权拟合等价模型,并给出选取正则化矩阵的方案。

以广义选权拟合等价模型结合半参数模型来反演 GPS 基线向量多路径误差,将基线向量和多路径误差均作为未知参数进行估计,对两者分别构造虚拟观测值,在此基础上构造合适的正则化矩阵,削弱多路径误差对 GPS 精密定位结果的影响,同时还能够反演出多路径误差,为进一步分析多路径误差的特性提供参考。在多路径误差反演中,需要进行 GPS 基线向量误差在不同坐标系间的传播,推导其误差传播公式。最后通过实验验证上述理论的正确性。

3.2　正则化方法

在最小二乘估计中,不适定问题主要是指法方程系数矩阵秩亏或病态,即其行列式等于零或近似等于零。如果秩亏数为 d,则法方程系数矩阵的特征值中有 d 个等于零,如果是病态的,则法方程系数矩阵中至少有一个特征值远小于其他特征值。条件数是最常用的一种度量矩阵病态性程度的指标,对称矩阵的条件数为最大特征值与最小特征值之比的绝对值,条件数很大时,可以认为法方程系数矩阵存在严重的病态性[88-90]。

解算不适定方程的方法有多种,常用的是有偏估计和直接解算法。有偏估计包括主成分估计和岭估计[91]等,应用较广泛的是岭估计;直接解算法是基于奇异值分解直接解算观测方程,包括截断奇异值法和修正奇异值法[92-93]。但是在大地测量尤其是 GPS 定位应用中,这两类方法的实际效果都不好[90]。

吉洪诺夫提出的正则化方法为解决不适定问题提供了有效的途径[94]。设有线性观测方程:

$$L + V = C\hat{Z} \tag{3-1}$$

式中　L——观测值;

　　　V——观测值改正数;

　　　C——观测方程系数矩阵;

　　　Z——待估参数。

为使式(3-1)有解,构造估计准则为:

$$M^{\alpha}(Z, L) = \| CZ - L \|^{2}_{P_n} + \alpha \Omega(Z) \tag{3-2}$$

式中　$\Omega(Z)$——稳定泛函,它的作用是将原来的不适定问题转化为适定问题;

　　　α——正则化参数(或称平滑参数、平滑因子),起着平衡式(3-2)右边两项的作用;

　　　$\| \cdot \|^{2}_{P_n}$——加权 2 范数的平方[95]。

欧吉坤[96]提出在大地测量中可以构造稳定泛函为:

$$\Omega(Z) = \| Z \|^{2}_{P_Z} = Z^{\mathrm{T}} P_Z Z \tag{3-3}$$

式中　P_Z——正则化矩阵。

于是,求解极值方程:

$$\Phi = \| CZ - L \|^{2}_{P_n} + \alpha \Omega(Z)$$

$$= \parallel \boldsymbol{CZ} - \boldsymbol{L} \parallel_{P_n}^2 + \alpha \boldsymbol{Z}^T \boldsymbol{P}_Z \boldsymbol{Z} = \min \tag{3-4}$$

即可计算 $\boldsymbol{Z}$。

令 $\dfrac{\partial \Phi}{\partial Z} = 0$，得正则化解为[96]：

$$\hat{\boldsymbol{Z}} = (\boldsymbol{C}^T \boldsymbol{P}_n \boldsymbol{C} + \alpha \boldsymbol{P}_Z)^{-1} \boldsymbol{C}^T \boldsymbol{P}_n \boldsymbol{L} = (\boldsymbol{N} + \alpha \boldsymbol{P}_Z)^{-1} \boldsymbol{C}^T \boldsymbol{P}_n \boldsymbol{L} \tag{3-5}$$

式中　$\boldsymbol{P}_n$——观测值权阵；

　　　$\boldsymbol{N}$——法方程系数矩阵。

由于 $\boldsymbol{N}$ 是奇异矩阵或病态矩阵，所以问题的关键是要选择合适的正则化矩阵 $\boldsymbol{P}_Z$ 和正则化参数 α。

正则化解 $\hat{\boldsymbol{Z}}$ 是有偏估计，其偏差为[97]：

$$\Delta Z = \alpha (\boldsymbol{N} + \alpha \boldsymbol{P}_Z)^{-1} \boldsymbol{P}_Z \boldsymbol{Z} \tag{3-6}$$

偏差的大小与 $\boldsymbol{P}_Z$ 和 α 有关，仅当 $\boldsymbol{P}_Z = \boldsymbol{0}$ 或 $\alpha = 0$ 时，$\hat{\boldsymbol{Z}}$ 才无偏，此时为最小二乘解。

3.3　广义选权拟合法

正则化矩阵 $\boldsymbol{P}_Z$ 有多种选取方法，选择时要根据问题的性质进行具体分析。欧吉坤[96]提出不能把所有的参数等同看待，可能有部分参数的先验信息已知，对该部分参数增加约束就可以构造出正则化矩阵，式(3-5)中的 $\boldsymbol{P}_Z$ 类似于参数的权，因此，他把这种方法称为选权拟合法。

下面给出广义选权拟合法原理，因各类参数的广义选权拟合法原理类似，以两类参数为例，其原理如下：

对于式(3-1)，令：

$$\boldsymbol{C} = \begin{bmatrix} \boldsymbol{C}_1 & \boldsymbol{C}_2 \end{bmatrix}, \boldsymbol{Z} = \begin{bmatrix} Z_1 \\ Z_2 \end{bmatrix}, \boldsymbol{P}_Z = \begin{bmatrix} P_{Z_1} & \\ & P_{Z_2} \end{bmatrix}$$

由式(3-5)可得：

$$\begin{bmatrix} \hat{Z}_1 \\ \hat{Z}_2 \end{bmatrix} = \left(\begin{bmatrix} \boldsymbol{C}_1^T \boldsymbol{P}_n \boldsymbol{C}_1 & \boldsymbol{C}_1^T \boldsymbol{P}_n \boldsymbol{C}_2 \\ \boldsymbol{C}_2^T \boldsymbol{P}_n \boldsymbol{C}_1 & \boldsymbol{C}_2^T \boldsymbol{P}_n \boldsymbol{C}_2 \end{bmatrix} + \alpha \begin{bmatrix} P_{Z_1} & \\ & P_{Z_2} \end{bmatrix} \right)^{-1} \begin{bmatrix} \boldsymbol{C}_1^T \boldsymbol{P}_n \boldsymbol{L} \\ \boldsymbol{C}_2^T \boldsymbol{P}_n \boldsymbol{L} \end{bmatrix}$$

$$= \begin{bmatrix} \boldsymbol{C}_1^T \boldsymbol{P}_n \boldsymbol{C}_1 + \alpha P_{Z_1} & \boldsymbol{C}_1^T \boldsymbol{P}_n \boldsymbol{C}_2 \\ \boldsymbol{C}_2^T \boldsymbol{P}_n \boldsymbol{C}_1 & \boldsymbol{C}_2^T \boldsymbol{P}_n \boldsymbol{C}_2 + \alpha P_{Z_2} \end{bmatrix}^{-1} \begin{bmatrix} \boldsymbol{C}_1^T \boldsymbol{P}_n \boldsymbol{L} \\ \boldsymbol{C}_2^T \boldsymbol{P}_n \boldsymbol{L} \end{bmatrix} \tag{3-7}$$

令：

$$N_{11} = \boldsymbol{C}_1^{\mathrm{T}} \boldsymbol{P}_n \boldsymbol{C}_1, N_{12} = \boldsymbol{C}_1^{\mathrm{T}} \boldsymbol{P}_n \boldsymbol{C}_2, N_{21} = \boldsymbol{C}_2^{\mathrm{T}} \boldsymbol{P}_n \boldsymbol{C}_1, N_{22} = \boldsymbol{C}_2^{\mathrm{T}} \boldsymbol{P}_n \boldsymbol{C}_2$$

则式(3-7)可写成：

$$\begin{bmatrix} \hat{Z}_1 \\ \hat{Z}_2 \end{bmatrix} = \begin{bmatrix} N_{11} + \alpha P_{z_1} & N_{12} \\ N_{21} & N_{22} + \alpha P_{z_2} \end{bmatrix}^{-1} \begin{bmatrix} \boldsymbol{C}_1^{\mathrm{T}} \boldsymbol{P}_n \boldsymbol{L} \\ \boldsymbol{C}_2^{\mathrm{T}} \boldsymbol{P}_n \boldsymbol{L} \end{bmatrix} \tag{3-8}$$

式(3-8)中，当 $P_{z_1} = 0$ 或 $P_{z_2} = 0$ 时，就是仅对参数 Z_2 或 Z_1 进行约束的选权拟合法基本公式，即部分参数选权拟合法是广义选权拟合法的特例。

3.4 广义选权拟合等价模型

推导基于虚拟观测值的广义选权拟合等价模型。将参数 Z 分组后，式(3-1)变为：

$$\boldsymbol{L} + \boldsymbol{V} = \boldsymbol{C}_1 \hat{Z}_1 + \boldsymbol{C}_2 \hat{Z}_2 \tag{3-9}$$

根据最小二乘法 $\boldsymbol{V}^{\mathrm{T}} \boldsymbol{P}_n \boldsymbol{V} = \min$ 原则，法方程不适定。为解决法方程不适定问题，借鉴自由网平差的虚拟观测值法[98]，对式(3-9)附加虚拟观测方程：

$$\begin{cases} L_1 + V_1 = \boldsymbol{G}_1 \hat{Z}_1 \\ L_2 + V_2 = \boldsymbol{G}_2 \hat{Z}_2 \end{cases} \tag{3-10}$$

式中，L_1、L_2 为虚拟观测值，其近似值均为 0；V_1、V_2 为虚拟观测值改正数；G_1、G_2 为虚拟观测方程系数矩阵。

将式(3-9)、式(3-10)合并到一起即得广义选权拟合法的误差方程：

$$\begin{cases} \boldsymbol{V} = \boldsymbol{C}_1 \hat{Z}_1 + \boldsymbol{C}_2 \hat{Z}_2 - \boldsymbol{L} \\ V_1 = \boldsymbol{G}_1 \hat{Z}_1 - L_1 \\ V_2 = \boldsymbol{G}_2 \hat{Z}_2 - L_2 \end{cases} \tag{3-11}$$

设虚拟观测值 L_1、L_2 的权分别为 P_1、P_2，L_1、L_2 相互独立，并令 $\boldsymbol{V}' = \begin{bmatrix} V_1 \\ V_2 \end{bmatrix}$，

$\boldsymbol{R} = \begin{bmatrix} P_{z_1} & \\ & P_{z_2} \end{bmatrix}$，根据广义测量平差原理，构造估计准则为：

$$\boldsymbol{V}^{\mathrm{T}} \boldsymbol{P}_n \boldsymbol{V} + \alpha \boldsymbol{V}'^{\mathrm{T}} \boldsymbol{R} \boldsymbol{V}' = \min \tag{3-12}$$

将式(3-12)分别对 Z_1、Z_2 求偏导，并令偏导数为零，得最小二乘解为：

$$\begin{bmatrix} \hat{Z}_1 \\ \hat{Z}_2 \end{bmatrix} = \begin{bmatrix} N_{11} + \alpha \boldsymbol{G}_1^{\mathrm{T}} \boldsymbol{P}_1 \boldsymbol{G}_1 & N_{12} \\ N_{21} & N_{22} + \alpha \boldsymbol{G}_2^{\mathrm{T}} \boldsymbol{P}_2 \boldsymbol{G}_2 \end{bmatrix}^{-1} \begin{bmatrix} \boldsymbol{C}_1^{\mathrm{T}} \boldsymbol{P}_n \boldsymbol{L} \\ \boldsymbol{C}_2^{\mathrm{T}} \boldsymbol{P}_n \boldsymbol{L} \end{bmatrix} \tag{3-13}$$

对照式(3-8)可知 $P_{Z_1} = \boldsymbol{G}_1^{\mathrm{T}} \boldsymbol{P}_1 \boldsymbol{G}_1$，$P_{Z_2} = \boldsymbol{G}_2^{\mathrm{T}} \boldsymbol{P}_2 \boldsymbol{G}_2$。

　　因此建立广义选权拟合等价模型的关键是通过附加"虚拟观测值改正数的加权平方和极小"的条件,增加虚拟观测方程来克服不适定性,使方程解唯一且稳定。附加的虚拟观测值应具有偶然误差的特性,它的期望值应为零,即 $E(V_1) = 0$，$E(V_2) = 0$，这是在构造虚拟观测方程时必须遵循的原则。等价模型建立基于拟合而非强制附合原则,这样的原则既有测量依据,又符合实际情况。

　　单位权中误差的计算公式为:

$$\sigma_0 = \pm \sqrt{\frac{\boldsymbol{V}^{\mathrm{T}} \boldsymbol{P}_n \boldsymbol{V} + \alpha \boldsymbol{V'}^{\mathrm{T}} \boldsymbol{R} \boldsymbol{V'}}{n + c - t}} \tag{3-14}$$

式中　n——实际观测值个数;

　　　c——虚拟观测值个数;

　　　t——必要观测值个数。

3.5　用等价模型反演基线向量多路径误差

　　将多路径误差作为未知参数的观测方程为半参数模型[99]:

$$\boldsymbol{L} + \boldsymbol{V} = \boldsymbol{A}\hat{\boldsymbol{X}} + \hat{\boldsymbol{S}} \tag{3-15}$$

式中　$\boldsymbol{L}$——n 维观测值,此处为基线向量观测值;

　　　$\boldsymbol{V}$——n 维观测值改正数;

　　　$\boldsymbol{A}$——系数矩阵,此处为 n 维全 1 列向量;

　　　$\boldsymbol{X}$——t 维非随机参数,此处为基线向量;

　　　$\boldsymbol{S}$——n 维非参数信号,不考虑其统计特性,此处为多路径误差。

　　式(3-15)共有 n 个观测值,但是却有 $n + t$ 个未知数,因此,这是一个秩亏方程,可以采用等价模型解算。

　　为了对式(3-15)中的 $\boldsymbol{X}$ 进行约束,令 $\hat{\boldsymbol{X}} = \boldsymbol{X}^0 + \hat{\boldsymbol{x}}$，$\boldsymbol{X}^0$ 为参数近似值,$\hat{\boldsymbol{x}}$ 为参数近似值改正数,式(3-15)可改写为误差方程:

$$\boldsymbol{V} = \boldsymbol{A}\hat{\boldsymbol{x}} + \hat{\boldsymbol{S}} - \boldsymbol{l} \tag{3-16}$$

　　其中,误差方程常数项 $\boldsymbol{l} = \boldsymbol{L} - \boldsymbol{A}\boldsymbol{X}^0$。

　　因为参数 $\boldsymbol{X}$ 就是基线向量,所以 $G_1 = 1$，因为基线向量静态解的精度很高，可用 $P_{Z_1} = P_x$ 对基线向量参数改正数 $\hat{x}$ 进行约束。在不影响计算结果且计算方便的情况下，可设虚拟观测值的权 P_2 为单位权[98]，将 G_2 改写为 G，正则化矩阵 $R = \begin{bmatrix} P_x & \\ & G^{\mathrm{T}}G \end{bmatrix}$。由式（3-13）可得：

$$\begin{bmatrix} \hat{x} \\ \hat{S} \end{bmatrix} = \begin{bmatrix} A^{\mathrm{T}}P_n A + \alpha P_x & A^{\mathrm{T}}P_n \\ P_n A & P_n + \alpha G^{\mathrm{T}}G \end{bmatrix}^{-1} \begin{bmatrix} A^{\mathrm{T}}P_n l \\ P_n l \end{bmatrix} \tag{3-17}$$

单位权中误差的计算公式为：

$$\sigma_0 = \pm \sqrt{\frac{V^{\mathrm{T}}P_n V + \alpha \hat{x}^{\mathrm{T}}P_x \hat{x} + \alpha \hat{S}^{\mathrm{T}}G^{\mathrm{T}}G\hat{S}}{n + c - t}} \tag{3-18}$$

由此可以反演基线向量多路径误差，但只有选择适当的虚拟观测方程系数矩阵 G 和正则化参数 α 才能得到符合实际的效果。

3.5.1　虚拟观测方程的构造

因多路径误差具有延续性，即认为相邻几个历元内的多路径误差变化很小，将多路径误差在前后历元间求差就能够消除或削弱其影响，满足残余误差期望值为零的原则。采用数值分析中前向差分公式来构造虚拟观测方程，计算公式为[100-101]：

$$d^n f_k = \sum_{j=0}^{n} (-1)^j \binom{n}{j} f_{n+k-j} \tag{3-19}$$

式中　$\binom{n}{j} = \dfrac{n(n-1)\cdots(n-j+1)}{j!}$，为二项式展开系数。

为了使用方便，这里给出二阶、三阶和四阶差分的计算式：

$$\begin{cases} d^2 f_k = f_{k+2} - 2f_{k+1} + f_k \\ d^3 f_k = f_{k+3} - 3f_{k+2} + 3f_{k+1} - f_k \\ d^4 f_k = f_{k+4} - 4f_{k+3} + 6f_{k+2} - 4f_{k+1} + f_k \end{cases} \tag{3-20}$$

由上式可知，零阶差分时有：

$$\mathop{G^0}_{n \times n} = \begin{bmatrix} 1 & & & \\ & 1 & & \\ & & \ddots & \\ & & & 1 \end{bmatrix}$$

一阶差分时有：

$$\underset{(n-1)\times n}{\boldsymbol{G}^1} = \begin{bmatrix} -1 & 1 & & & \\ & -1 & 1 & & \\ & & \ddots & \ddots & \\ & & & -1 & 1 \end{bmatrix}$$

二阶差分时有:

$$\underset{(n-2)\times n}{\boldsymbol{G}^2} = \begin{bmatrix} 1 & -2 & 1 & & & \\ & 1 & -2 & 1 & & \\ & & \ddots & \ddots & \ddots & \\ & & & 1 & -2 & 1 \end{bmatrix}$$

三阶差分时有:

$$\underset{(n-3)\times n}{\boldsymbol{G}^3} = \begin{bmatrix} -1 & 3 & -3 & 1 & & & \\ & -1 & 3 & -3 & 1 & & \\ & & \ddots & \ddots & \ddots & \ddots & \\ & & & -1 & 3 & -3 & 1 \end{bmatrix}$$

四阶差分时有:

$$\underset{(n-4)\times n}{\boldsymbol{G}^4} = \begin{bmatrix} 1 & -4 & 6 & -4 & 1 & & & \\ & 1 & -4 & 6 & -4 & 1 & & \\ & & \ddots & \ddots & \ddots & \ddots & \ddots & \\ & & & 1 & -4 & 6 & -4 & 1 \end{bmatrix}$$

设差分阶数为 m，则可以列出 $n-m$ 个虚拟观测方程，此时式(3-18)中的自由度为 $n-m$。具体选择几阶差分，需要根据多路径误差的先验信息和观测方程结构来综合确定。差分的最大优点就是可以去掉时间序列中的趋势项，即使趋势项还存在，但其量级只要相当于偶然误差就可以认为满足原则。

3.5.2　正则化参数的确定

正则化参数有多种确定方法，如广义交叉核实法、L 曲线法、遗传算法等[97]。这些方法各有优缺点，其中最短距离 L 曲线法算法简单，容易实现，是一种较好的方法[77,102-103]。

根据式(3-12)，可以构造以下两个以 α 为自变量的加权范数[102]：

$$\begin{cases} SN(\alpha) = \boldsymbol{V}'^{\mathrm{T}}(\alpha)\boldsymbol{R}\boldsymbol{V}'(\alpha) \\ NN(\alpha) = \boldsymbol{V}^{\mathrm{T}}(\alpha)\boldsymbol{P}_{\mathrm{n}}\boldsymbol{V}(\alpha) \end{cases} \tag{3-21}$$

L 曲线上的点到原点的距离为:

$$D(\alpha) = \sqrt{SN^2(\alpha) + NN^2(\alpha)} \tag{3-22}$$

将不同的 α 值代入式(3-22)进行试算,得到 D 值最小时所对应的 α 即为最优正则化参数。

3.6　GPS 基线向量误差传播

GPS 相对定位得到的是两点在空间直角坐标系下的基线向量(ΔX,ΔY,ΔZ)及其协方差阵 $\boldsymbol{D}_{\Delta XYZ}$[29,104-105],而在 GPS 基线向量二维平差中,需已知两点在高斯平面直角坐标系下的基线向量(Δx,Δy)及其协方差阵 $\boldsymbol{D}_{\Delta xy}$[104-107]。因而须将 GPS 基线向量误差从空间直角坐标系传播到大地坐标系,再从大地坐标系传播到高斯平面直角坐标系[105-107]。文献[106-107]推导了上述误差传播公式,但均假设基线向量的起点位于零子午线上,而实际起点可能位于全球的任何位置。在大地坐标系下,基线向量以角度量表示的误差在数值上非常小,且同一经差所对应的平行圈弧长在不同纬度处会相差较大,不利于实际应用[108-109]。本书借助子午圈曲率半径和平行圈半径将角度量误差传播为以长度为单位的误差(等效长度量误差)。在此基础上,研究 GPS 基线向量误差从空间直角坐标系到站心直角坐标系的传播。理论和算例证明,本章推导的严密公式是正确的,而后两种简化公式可代替此严密公式,且形式更为简单。

3.6.1　ΔX_{ij}、ΔY_{ij}、ΔZ_{ij} 误差传播为 ΔB_{ij}、ΔL_{ij}、ΔH_{ij} 误差

设空间直角坐标系下基线向量的起点为 $i(X_i,Y_i,Z_i)$、终点为 $j(X_j,Y_j,Z_j)$,则基线向量(ΔX_{ij},ΔY_{ij},ΔZ_{ij})与其大地坐标差(ΔB_{ij},ΔL_{ij},ΔH_{ij})的关系式为:

$$\begin{bmatrix} \Delta X_{ij} \\ \Delta Y_{ij} \\ \Delta Z_{ij} \end{bmatrix} = \begin{bmatrix} (N_j+H_j)\cos B_j \cos L_j \\ (N_j+H_j)\cos B_j \sin L_j \\ [N_j(1-e^2)+H_j]\sin B_j \end{bmatrix} - \begin{bmatrix} (N_i+H_i)\cos B_i \cos L_i \\ (N_i+H_i)\cos B_i \sin L_i \\ [N_i(1-e^2)+H_i]\sin B_i \end{bmatrix}$$

$$(3-23)$$

式中　N_i、N_j——i、j 点法线与椭球面交点的卯酉圈曲率半径。

为将式(3-23)展开成关于 ΔB_{ij}、ΔL_{ij}、ΔH_{ij} 的级数形式,需使用以下级数公式:

$$
\begin{cases}
\sin B_j = \sin B_i + \cos B_i \Delta B_{ij} - \dfrac{1}{2}\sin B_i \Delta B_{ij}^2 - \dfrac{1}{6}\cos B_i \Delta B_{ij}^3 \\[2mm]
\cos B_j = \cos B_i - \sin B_i \Delta B_{ij} - \dfrac{1}{2}\cos B_i \Delta B_{ij}^2 + \dfrac{1}{6}\sin B_i \Delta B_{ij}^3 \\[2mm]
\sin L_j = \sin L_i + \cos L_i \Delta L_{ij} - \dfrac{1}{2}\sin L_i \Delta L_{ij}^2 - \dfrac{1}{6}\cos L_i \Delta L_{ij}^3 \\[2mm]
\cos L_j = \cos L_i - \sin L_i \Delta L_{ij} - \dfrac{1}{2}\cos L_i \Delta L_{ij}^2 + \dfrac{1}{6}\sin L_i \Delta L_{ij}^3
\end{cases}
\tag{3-24}
$$

其中，$B_j = B_i + \Delta B_{ij}$、$L_j = L_i + \Delta L_{ij}$，同理 $H_j = H_i + \Delta H_{ij}$。式(3-23)关于 ΔB_{ij}、ΔL_{ij}、ΔH_{ij} 的级数式展开到三阶项即可满足精度要求[106]。

将 N_j 展开到二阶项为：

$$
N_j = N_i + \frac{\partial N_i}{\partial B_i}\Delta B_{ij} + \frac{1}{2}\frac{\partial^2 N_i}{\partial B_i^2}\Delta B_{ij}^2
\tag{3-25}
$$

式中　$N_i = \dfrac{a}{W_i}$；

$\dfrac{\partial N_i}{\partial B_i} = \dfrac{N_i e^2}{W_i^2}\sin B_i \cos B_i$；

$\dfrac{\partial^2 N_i}{\partial B_i^2} = \dfrac{N_i e^2}{W_i^2}(1 - 2\sin^2 B_i) + \dfrac{3N_i e^4 \sin^2 B_i \cos^2 B_i}{W_i^4}$；

$W_i = \sqrt{1 - e^2 \sin^2 B_i}$；

a、e——椭球长半径和第一偏心率。

式(3-25)关于 ΔB_{ij} 的级数式展开到二阶项即可满足精度要求[106]。

为公式推导及计算方便，令：

$$
\begin{cases}
sB_0 = \sin B_i, sB_1 = \cos B_i, sB_2 = -\dfrac{1}{2}\sin B_i, sB_3 = -\dfrac{1}{6}\cos B_i \\[2mm]
cB_0 = \cos B_i, cB_1 = -\sin B_i, cB_2 = -\dfrac{1}{2}\cos B_i, cB_3 = \dfrac{1}{6}\sin B_i \\[2mm]
sL_0 = \sin L_i, sL_1 = \cos L_i, sL_2 = -\dfrac{1}{2}\sin L_i, sL_3 = -\dfrac{1}{6}\cos L_i \\[2mm]
cL_0 = \cos L_i, cL_1 = -\sin L_i, cL_2 = -\dfrac{1}{2}\cos L_i, cL_3 = \dfrac{1}{6}\sin L_i \\[2mm]
n_0 = N_i, n_1 = \dfrac{\partial N_i}{\partial B_i}, n_2 = \dfrac{1}{2}\dfrac{\partial^2 N_i}{\partial B_i^2} \\[2mm]
h_0 = H_i, h_1 = 1
\end{cases}
$$

$$
\tag{3-26}
$$

再令 $ne_0 = n_0(1-e^2)$，$ne_1 = n_1(1-e^2)$，$ne_2 = n_2(1-e^2)$，$nh_0 = n_0 + h_0$，$neh_0 = ne_0 + h_0$。

将式(3-24)、式(3-25)代入式(3-23)，不考虑关于 ΔB_{ij}、ΔL_{ij}、ΔH_{ij} 的四阶及以上项，略去复杂的推导过程，经整理得 ΔX_{ij}、ΔY_{ij}、ΔZ_{ij} 关于 ΔB_{ij}、ΔL_{ij}、ΔH_{ij} 的级数式为：

$$
\begin{aligned}
\Delta X_{ij} = {} & X_{001}\Delta H_{ij} + X_{010}\Delta L_{ij} + X_{011}\Delta L_{ij}\Delta H_{ij} + X_{020}\Delta L_{ij}^2 + X_{021}\Delta L_{ij}^2\Delta H_{ij} + \\
& X_{030}\Delta L_{ij}^3 + X_{100}\Delta B_{ij} + X_{101}\Delta B_{ij}\Delta H_{ij} + X_{110}\Delta B_{ij}\Delta L_{ij} + \\
& X_{111}\Delta B_{ij}\Delta L_{ij}\Delta H_{ij} + X_{120}\Delta B_{ij}\Delta L_{ij}^2 + X_{200}\Delta B_{ij}^2 + X_{201}\Delta B_{ij}^2\Delta H_{ij} + \\
& X_{210}\Delta B_{ij}^2\Delta L_{ij} + X_{300}\Delta B_{ij}^3
\end{aligned} \tag{3-27a}
$$

$$
\begin{aligned}
\Delta Y_{ij} = {} & Y_{001}\Delta H_{ij} + Y_{010}\Delta L_{ij} + Y_{011}\Delta L_{ij}\Delta H_{ij} + Y_{020}\Delta L_{ij}^2 + Y_{021}\Delta L_{ij}^2\Delta H_{ij} + \\
& Y_{030}\Delta L_{ij}^3 + Y_{100}\Delta B_{ij} + Y_{101}\Delta B_{ij}\Delta H_{ij} + Y_{110}\Delta B_{ij}\Delta L_{ij} + \\
& Y_{111}\Delta B_{ij}\Delta L_{ij}\Delta H_{ij} + Y_{120}\Delta B_{ij}\Delta L_{ij}^2 + Y_{200}\Delta B_{ij}^2 + Y_{201}\Delta B_{ij}^2\Delta H_{ij} + \\
& Y_{210}\Delta B_{ij}^2\Delta L_{ij} + Y_{300}\Delta B_{ij}^3
\end{aligned} \tag{3-27b}
$$

$$
\begin{aligned}
\Delta Z_{ij} = {} & Z_{001}\Delta H_{ij} + Z_{100}\Delta B_{ij} + Z_{101}\Delta B_{ij}\Delta H_{ij} + Z_{200}\Delta B_{ij}^2 + \\
& Z_{201}\Delta B_{ij}^2\Delta H_{ij} + Z_{300}\Delta B_{ij}^3
\end{aligned} \tag{3-27c}
$$

式中

$$
\begin{cases}
X_{001} = cB_0 \cdot cL_0 \cdot h_1, \quad X_{010} = nh_0 \cdot cB_0 \cdot cL_1 \\
X_{011} = cB_0 \cdot cL_1 \cdot h_1, \quad X_{020} = nh_0 \cdot cB_0 \cdot cL_2 \\
X_{021} = cB_0 \cdot cL_2 \cdot h_1, \quad X_{030} = nh_0 \cdot cB_0 \cdot cL_3 \\
X_{100} = (nh_0 \cdot cB_1 + n_1 \cdot cB_0)cL_0 \\
X_{101} = cB_1 \cdot cL_0 \cdot h_1 \\
X_{110} = (nh_0 \cdot cB_1 + n_1 \cdot cB_0)cL_1 \\
X_{111} = cB_1 \cdot cL_1 \cdot h_1 \\
X_{120} = (nh_0 \cdot cB_1 + n_1 \cdot cB_0)cL_2 \\
X_{200} = (nh_0 \cdot cB_2 + n_1 \cdot cB_1 + n_2 \cdot cB_0)cL_0 \\
X_{201} = cB_2 \cdot cL_0 \cdot h_1 \\
X_{210} = (nh_0 \cdot cB_2 + n_1 \cdot cB_1 + n_2 \cdot cB_0)cL_1 \\
X_{300} = (nh_0 \cdot cB_3 + n_1 \cdot cB_2 + n_2 \cdot cB_1)cL_0
\end{cases} \tag{3-28a}
$$

$$\begin{cases} Y_{001}=cB_0 \cdot sL_0 \cdot h_1, Y_{010}=nh_0 \cdot cB_0 \cdot sL_1 \\ Y_{011}=cB_0 \cdot sL_1 \cdot h_1, Y_{020}=nh_0 \cdot cB_0 \cdot sL_2 \\ Y_{021}=cB_0 \cdot sL_2 \cdot h_1, Y_{030}=nh_0 \cdot cB_0 \cdot sL_3 \\ Y_{100}=(nh_0 \cdot cB_1+n_1 \cdot cB_0)sL_0 \\ Y_{101}=cB_1 \cdot sL_0 \cdot h_1, Y_{110}=(nh_0 \cdot cB_1+n_1 \cdot cB_0)sL_1 \\ Y_{111}=cB_1 \cdot sL_1 \cdot h_1, Y_{120}=(nh_0 \cdot cB_1+n_1 \cdot cB_0)sL_2 \\ Y_{200}=(nh_0 \cdot cB_2+n_1 \cdot cB_1+n_2 \cdot cB_0)sL_0 \\ Y_{201}=cB_2 \cdot sL_0 \cdot h_1, Y_{210}=(nh_0 \cdot cB_2+n_1 \cdot cB_1+n_2 \cdot cB_0)sL_1 \\ Y_{300}=(nh_0 \cdot cB_3+n_1 \cdot cB_2+n_2 \cdot cB_1)sL_0 \end{cases} \quad (3\text{-}28\mathrm{b})$$

$$\begin{cases} Z_{001}=sB_0 \cdot h_1, Z_{100}=neh_0 \cdot sB_1+ne_1 \cdot sB_0, Z_{101}=sB_1 \cdot h_1 \\ Z_{200}=neh_0 \cdot sB_2+ne_1 \cdot sB_1+ne_2 \cdot sB_0, Z_{201}=sB_2 \cdot h_1 \\ Z_{300}=neh_0 \cdot sB_3+ne_1 \cdot sB_2+ne_2 \cdot sB_1 \end{cases} \quad (3\text{-}28\mathrm{c})$$

将式(3-27)对 ΔB_{ij}、ΔL_{ij}、ΔH_{ij} 求偏导数,得:

$$\frac{\partial \Delta X_{ij}}{\partial \Delta B_{ij}}=X_{100}+X_{101}\Delta H_{ij}+X_{110}\Delta L_{ij}+X_{111}\Delta L_{ij}\Delta H_{ij}+X_{120}\Delta L_{ij}^2+$$
$$2X_{200}\Delta B_{ij}+2X_{201}\Delta B_{ij}\Delta H_{ij}+2X_{210}\Delta B_{ij}\Delta L_{ij}+3X_{300}\Delta B_{ij}^2$$

$$\frac{\partial \Delta X_{ij}}{\partial \Delta L_{ij}}=X_{010}+X_{011}\Delta H_{ij}+2X_{020}\Delta L_{ij}+2X_{021}\Delta L_{ij}\Delta H_{ij}+3X_{030}\Delta L_{ij}^2+$$
$$X_{110}\Delta B_{ij}+X_{111}\Delta B_{ij}\Delta H_{ij}+2X_{120}\Delta B_{ij}\Delta L_{ij}+X_{210}\Delta B_{ij}^2$$

$$\frac{\partial \Delta X_{ij}}{\partial \Delta H_{ij}}=X_{001}+X_{011}\Delta L_{ij}+X_{021}\Delta L_{ij}^2+X_{101}\Delta B_{ij}+X_{111}\Delta B_{ij}\Delta L_{ij}+$$
$$X_{201}\Delta B_{ij}^2\frac{\partial \Delta Y_{ij}}{\partial \Delta B_{ij}}=Y_{100}+Y_{101}\Delta H_{ij}+Y_{110}\Delta L_{ij}+Y_{111}\Delta L_{ij}\Delta H_{ij}+$$
$$Y_{120}\Delta L_{ij}^2+2Y_{200}\Delta B_{ij}+2Y_{201}\Delta B_{ij}\Delta H_{ij}+2Y_{210}\Delta B_{ij}\Delta L_{ij}+3Y_{300}\Delta B_{ij}^2$$

$$\frac{\partial \Delta Y_{ij}}{\partial \Delta L_{ij}}=Y_{010}+Y_{011}\Delta H_{ij}+2Y_{020}\Delta L_{ij}+2Y_{021}\Delta L_{ij}\Delta H_{ij}+3Y_{030}\Delta L_{ij}^2+$$
$$Y_{110}\Delta B_{ij}+Y_{111}\Delta B_{ij}\Delta H_{ij}+2Y_{120}\Delta B_{ij}\Delta L_{ij}+Y_{210}\Delta B_{ij}^2$$

$$\frac{\partial \Delta Y_{ij}}{\partial \Delta H_{ij}}=Y_{001}+Y_{011}\Delta L_{ij}+Y_{021}\Delta L_{ij}^2+Y_{101}\Delta B_{ij}+Y_{111}\Delta B_{ij}\Delta L_{ij}+Y_{201}\Delta B_{ij}^2$$

$$\frac{\partial \Delta Z_{ij}}{\partial \Delta B_{ij}}=Z_{100}+Z_{101}\Delta H_{ij}+2Z_{200}\Delta B_{ij}+2Z_{201}\Delta B_{ij}\Delta H_{ij}+3Z_{300}\Delta B_{ij}^2$$

$$\frac{\partial \Delta Z_{ij}}{\partial \Delta L_{ij}}=0$$

$$\frac{\partial \Delta Z_{ij}}{\partial \Delta H_{ij}} = Z_{001} + Z_{101} \Delta B_{ij} + Z_{201} \Delta B_{ij}^2$$

式(3-27)的全微分形式为：

$$\begin{bmatrix} d\Delta X_{ij} & d\Delta Y_{ij} & d\Delta Z_{ij} \end{bmatrix}^{\mathrm{T}} = \boldsymbol{A} \begin{bmatrix} d\Delta B_{ij} & d\Delta L_{ij} & d\Delta H_{ij} \end{bmatrix}^{\mathrm{T}} \quad (3\text{-}29)$$

其中，$d\Delta X_{ij}$、$d\Delta Y_{ij}$、$d\Delta Z_{ij}$、$d\Delta H_{ij}$ 以米为单位，$d\Delta B_{ij}$、$d\Delta L_{ij}$、$\rho = 180/\pi \times$ 3 600，以秒为单位。

$$\boldsymbol{A} = \begin{bmatrix} A_{11} & A_{12} & A_{13} \\ A_{21} & A_{22} & A_{23} \\ A_{31} & A_{32} & A_{33} \end{bmatrix} = \begin{bmatrix} \dfrac{1}{\rho}\dfrac{\partial \Delta X_{ij}}{\partial \Delta B_{ij}} & \dfrac{1}{\rho}\dfrac{\partial \Delta X_{ij}}{\partial \Delta L_{ij}} & \dfrac{\partial \Delta X_{ij}}{\partial \Delta H_{ij}} \\[2mm] \dfrac{1}{\rho}\dfrac{\partial \Delta Y_{ij}}{\partial \Delta B_{ij}} & \dfrac{1}{\rho}\dfrac{\partial \Delta Y_{ij}}{\partial \Delta L_{ij}} & \dfrac{\partial \Delta Y_{ij}}{\partial \Delta H_{ij}} \\[2mm] \dfrac{1}{\rho}\dfrac{\partial \Delta Z_{ij}}{\partial \Delta B_{ij}} & \dfrac{1}{\rho}\dfrac{\partial \Delta Z_{ij}}{\partial \Delta L_{ij}} & \dfrac{\partial \Delta Z_{ij}}{\partial \Delta H_{ij}} \end{bmatrix} \quad (3\text{-}30)$$

因 $\boldsymbol{A}$ 是可逆阵[106]，得：

$$\begin{bmatrix} d\Delta B_{ij} & d\Delta L_{ij} & d\Delta H_{ij} \end{bmatrix}^{\mathrm{T}} = \boldsymbol{A}^{-1} \begin{bmatrix} d\Delta X_{ij} & d\Delta Y_{ij} & d\Delta Z_{ij} \end{bmatrix}^{\mathrm{T}} \quad (3\text{-}31)$$

由式(3-31)及协方差传播定律，得基线向量在大地坐标系下的方差协方差阵为：

$$\boldsymbol{D}_{\Delta BLH_{ij}} = (\boldsymbol{A}^{-1}) \boldsymbol{D}_{\Delta XYZ_{ij}} (\boldsymbol{A}^{-1})^{\mathrm{T}} \quad (3\text{-}32)$$

3.6.2 ΔB_{ij}、ΔL_{ij} 误差传播为 Δx_{ij}、Δy_{ij} 误差

由高斯投影坐标正算公式(保留经差的二阶项即可满足精度要求[106])得基线向量(ΔB_{ij}，ΔL_{ij})与(Δx_{ij}，Δy_{ij})的关系式为：

$$\begin{cases} \Delta x_{ij} = C_j + \dfrac{1}{2} N_j \sin B_j \cos B_j l_j^2 - \left(C_i + \dfrac{1}{2} N_i \sin B_i \cos B_i l_i^2 \right) \\[2mm] \Delta y_{ij} = N_j \cos B_j l_j - N_i \cos B_i l_i \end{cases} \quad (3\text{-}33)$$

式中 C_i、C_j——i、j 点到赤道的子午圈弧长。

设高斯投影分带中央子午线经度为 L_0，i、j 点与中央子午线的经差分别为 $l_i = L_i - L_0$、$l_j = L_j - L_0$，单位均为 rad(图 3-1)。则 $l_j = l_i + \Delta L_{ij}$，即得 $l_j^2 = l_i^2 + 2l_i \Delta L_{ij} + \Delta L_{ij}^2$。

将 C_j 展开到二阶项为：

$$C_j = C_i + \frac{dC_i}{dB_i} \Delta B_{ij} + \frac{1}{2} \frac{d^2 C_i}{dB_i^2} \Delta B_{ij}^2 \quad (3\text{-}34)$$

式中 $\dfrac{dC_i}{dB_i} = M_i = \dfrac{a(1-e^2)}{W_i^3}$；

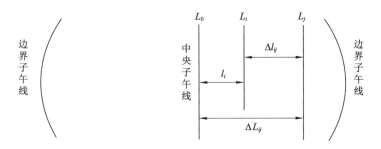

图 3-1　经差关系

$$\frac{\mathrm{d}^2 C_i}{\mathrm{d}B_i^2} = \frac{\mathrm{d}M_i}{\mathrm{d}B_i} = \frac{3N_i e^2 (1-e^2)\sin B_i \cos B_i}{W_i^4}, M_i \text{ 为 } i \text{ 点的法线与椭球面交}$$

点的子午圈曲率半径。

式(3-34)关于 ΔB_{ij} 的级数式展开到二阶项即可满足精度要求[106]。

为公式推导及计算方便，令：

$$\begin{cases} m_0 = C_i, m_1 = M_i, m_2 = \dfrac{1}{2}\dfrac{\mathrm{d}M_i}{\mathrm{d}B_i} \\ p_0 = l_i, p_1 = 1, q_0 = l_i^2, q_1 = 2l_i, q_2 = 1 \end{cases} \tag{3-35}$$

将式(3-34)、式(3-35)代入式(3-33)，不考虑关于 ΔB_{ij}、ΔL_{ij} 的三阶及以上项，略去复杂的推导过程，经整理得 Δx_{ij}、Δy_{ij} 关于 ΔB_{ij}、ΔL_{ij} 的级数式为：

$$\begin{cases} \Delta x_{ij} = x_{01}\Delta L_{ij} + x_{02}\Delta L_{ij}^2 + x_{10}\Delta B_{ij} + x_{11}\Delta B_{ij}\Delta L_{ij} + x_{20}\Delta B_{ij}^2 \\ \Delta y_{ij} = y_{01}\Delta L_{ij} + y_{10}\Delta B_{ij} + y_{11}\Delta B_{ij}\Delta L_{ij} + y_{20}\Delta B_{ij}^2 \end{cases} \tag{3-36}$$

式中

$$\begin{cases} x_{01} = \dfrac{1}{2}n_0 \cdot sB_0 \cdot cB_0 \cdot q_1, x_{02} = \dfrac{1}{2}n_0 \cdot sB_0 \cdot cB_0 \cdot q_2 \\[2mm] x_{10} = m_1 + \dfrac{1}{2}[n_0 \cdot sB_0 \cdot cB_1 \cdot q_0 + (n_0 \cdot sB_1 + n_1 \cdot sB_0)cB_0 \cdot q_0] \\[2mm] x_{11} = \dfrac{1}{2}[n_0 \cdot sB_0 \cdot cB_1 \cdot q_1 + (n_0 \cdot sB_1 + n_1 \cdot sB_0)cB_0 \cdot q_1] \\[2mm] x_{20} = m_2 + \dfrac{1}{2}[n_0 \cdot sB_0 \cdot cB_2 \cdot q_0 + (n_0 \cdot sB_1 + n_1 \cdot sB_0)cB_1 \cdot q_0 + \\[2mm] \qquad (n_0 \cdot sB_2 + n_1 \cdot sB_1 + n_2 \cdot sB_0)cB_0 \cdot q_0] \end{cases}$$

$$\tag{3-37a}$$

$$\begin{cases} y_{01} = n_0 \cdot cB_0 \cdot p_1, y_{10} = (n_0 \cdot cB_1 + n_1 \cdot cB_0)p_0 \\ y_{11} = (n_0 \cdot cB_1 + n_1 \cdot cB_0)p_1 \\ y_{20} = (n_0 \cdot cB_2 + n_1 \cdot cB_1 + n_2 \cdot cB_0)p_0 \end{cases} \tag{3-37b}$$

将式(3-36)对 ΔB_{ij}、ΔL_{ij} 求偏导数,得:

$$\begin{cases} \dfrac{\partial \Delta x_{ij}}{\partial \Delta B_{ij}} = x_{10} + x_{11}\Delta L_{ij} + 2x_{20}\Delta B_{ij} \\[2mm] \dfrac{\partial \Delta x_{ij}}{\partial \Delta L_{ij}} = x_{01} + 2x_{02}\Delta L_{ij} + x_{11}\Delta B_{ij} \\[2mm] \dfrac{\partial \Delta y_{ij}}{\partial \Delta B_{ij}} = y_{10} + y_{11}\Delta L_{ij} + 2y_{20}\Delta B_{ij} \\[2mm] \dfrac{\partial \Delta y_{ij}}{\partial \Delta L_{ij}} = y_{01} + y_{11}\Delta B_{ij} \end{cases} \tag{3-38}$$

式(3-36)的全微分形式为:

$$\begin{bmatrix} \mathrm{d}\Delta x_{ij} & \mathrm{d}\Delta y_{ij} \end{bmatrix}^{\mathrm{T}} = \boldsymbol{R}\begin{bmatrix} \mathrm{d}\Delta B_{ij} & \mathrm{d}\Delta L_{ij} \end{bmatrix}^{\mathrm{T}} \tag{3-39}$$

其中,$\mathrm{d}\Delta x_{ij}$、$\mathrm{d}\Delta y_{ij}$ 以米为单位。

$$\boldsymbol{R} = \begin{bmatrix} R_{11} & R_{12} \\ R_{21} & R_{22} \end{bmatrix} = \frac{1}{\rho} \begin{bmatrix} \dfrac{\partial \Delta x_{ij}}{\partial \Delta B_{ij}} & \dfrac{\partial \Delta x_{ij}}{\partial \Delta L_{ij}} \\[3mm] \dfrac{\partial \Delta y_{ij}}{\partial \Delta B_{ij}} & \dfrac{\partial \Delta y_{ij}}{\partial \Delta L_{ij}} \end{bmatrix} \tag{3-40}$$

由式(3-39)及协方差传播定律,得基线向量在高斯平面直角坐标系下的方差协方差阵为:

$$\boldsymbol{D}_{\Delta xy_{ij}} = \boldsymbol{R}\boldsymbol{D}_{\Delta BL_{ij}}\boldsymbol{R}^{\mathrm{T}} \tag{3-41}$$

3.6.3 ΔX_{ij}、ΔY_{ij}、ΔZ_{ij} 误差传播为 Δx_{ij}、Δy_{ij} 误差

传播过程分两步进行。首先将 ΔX_{ij}、ΔY_{ij}、ΔZ_{ij} 误差传播为 ΔB_{ij}、ΔL_{ij}、ΔH_{ij} 误差,然后将 ΔB_{ij}、ΔL_{ij} 误差传播为 Δx_{ij}、Δy_{ij} 误差。综合式(3-31)、式(3-39) 得:

$$\begin{bmatrix} \mathrm{d}\Delta x_{ij} & \mathrm{d}\Delta y_{ij} \end{bmatrix}^{\mathrm{T}} = \boldsymbol{S}\begin{bmatrix} \mathrm{d}\Delta X_{ij} & \mathrm{d}\Delta Y_{ij} & \mathrm{d}\Delta Z_{ij} \end{bmatrix}^{\mathrm{T}} \tag{3-42}$$

式中 $\boldsymbol{S} = \boldsymbol{RC}$,$\boldsymbol{C}$ 为 $\boldsymbol{A}^{-1}$ 的第一、二行元素构成的矩阵。

由式(3-42)及协方差传播定律,得基线向量在高斯平面直角坐标系下的方差协方差阵为:

$$\boldsymbol{D}_{\Delta xy_{ij}} = \boldsymbol{S}\boldsymbol{D}_{\Delta XYZ_{ij}}\boldsymbol{S}^{\mathrm{T}} \tag{3-43}$$

上式即为 GNSS 基线向量误差从空间直角坐标系到高斯平面直角坐标系的严密传播公式。

3.6.4 ΔX_{ij}、ΔY_{ij}、ΔZ_{ij} 误差传播为 $\Delta N_{1_{ij}}$、ΔE_{ij}、ΔU_{ij} 误差

由文献[110]可知,在子午圈方向(南北方向)长度达 440 km 范围内,可认为地面两点的子午圈曲率半径近似相等,可得 $M'_i = M_i + H_i \approx M'_j$;在平行圈方向(东西方向)任何长度范围内,可认为地面两点的平行圈半径近似相等,可得 $r_i = (N_i + H_i)\cos B_i \approx r_j$。令 $\mathrm{d}\Delta N_{1_{ij}} = M'_i \mathrm{d}\Delta B_{ij}/\rho$、$\mathrm{d}\Delta E_{ij} = r_i \mathrm{d}\Delta L_{ij}/\rho$,则 $\mathrm{d}\Delta N_{1_{ij}}$、$\mathrm{d}\Delta E_{ij}$ 分别表示基线向量的角度量误差引起的沿子午圈方向和平行圈方向的长度量误差,这相当于以子午圈和平行圈上两个微小的曲线长度来表示基线向量在该方向上的误差,则:

$$\mathrm{d}\Delta B_{ij} = \rho \mathrm{d}\Delta N_{1_{ij}}/M'_i \tag{3-44}$$

$$\mathrm{d}\Delta L_{ij} = \rho \mathrm{d}\Delta E_{ij}/r_i \tag{3-45}$$

垂直方向(法线方向)误差用 $\mathrm{d}\Delta U_{ij}$ 表示,则:

$$\mathrm{d}\Delta H_{ij} = \mathrm{d}\Delta U_{ij} \tag{3-46}$$

将式(3-44)、式(3-45)、式(3-46)代入式(3-31),经整理得:

$$\begin{bmatrix} \mathrm{d}\Delta N_{1_{ij}} & \mathrm{d}\Delta E_{ij} & \mathrm{d}\Delta U_{ij} \end{bmatrix}^T = \boldsymbol{F}^{-1} \begin{bmatrix} \mathrm{d}\Delta X_{ij} & \mathrm{d}\Delta Y_{ij} & \mathrm{d}\Delta Z_{ij} \end{bmatrix}^T \tag{3-47}$$

式中　$\boldsymbol{F} = \boldsymbol{AG}$,$\boldsymbol{G} = \mathrm{diag}(\rho/M'_i \quad \rho/r_i \quad 1)$,$\mathrm{diag}(\cdot)$ 表示对角矩阵。

由式(3-47)及协方差传播定律,得基线向量在大地坐标系下的方差协方差阵为:

$$\boldsymbol{D}_{\Delta N_1 EU_{ij}} = (\boldsymbol{F}^{-1})\boldsymbol{D}_{\Delta XYZ_{ij}}(\boldsymbol{F}^{-1})^T \tag{3-48}$$

3.6.5 ΔX_{ij}、ΔY_{ij}、ΔZ_{ij} 误差传播为 x_{ij}^*、y_{ij}^*、z_{ij}^* 误差

由文献[29,104-105]可知,以基线向量起点 i 为原点,建立站心直角坐标系,则其与空间直角坐标系的关系为:

$$\begin{bmatrix} x_{ij}^* & y_{ij}^* & z_{ij}^* \end{bmatrix}^T = \boldsymbol{K} \begin{bmatrix} \Delta X_{ij} & \Delta Y_{ij} & \Delta Z_{ij} \end{bmatrix}^T \tag{3-49}$$

式中　$\boldsymbol{K} = \begin{bmatrix} -\sin B_i \cos L_i & -\sin B_i \sin L_i & \cos B_i \\ -\sin L_i & \cos L_i & 0 \\ \cos B_i \cos L_i & \cos B_i \sin L_i & \sin B_i \end{bmatrix}$,为正交矩阵[105,109]。

式(3-49)的全微分形式为:

$$\begin{bmatrix} \mathrm{d}x_{ij}^* & \mathrm{d}y_{ij}^* & \mathrm{d}z_{ij}^* \end{bmatrix}^T = \boldsymbol{K} \begin{bmatrix} \mathrm{d}\Delta X_{ij} & \mathrm{d}\Delta Y_{ij} & \mathrm{d}\Delta Z_{ij} \end{bmatrix}^T \tag{3-50}$$

由式(3-50)及协方差传播定律,得基线向量在站心直角坐标系下的方差协方差阵为:

$$\boldsymbol{D}_{xyz_{ij}^*} = \boldsymbol{K}\boldsymbol{D}_{\Delta XYZ_{ij}}\boldsymbol{K}^{\mathrm{T}} \tag{3-51}$$

由于 Helmert 点位误差度量在二维和三维情形下具有旋转不变性,与坐标系的选择无关,即点位方差等于任意两个和三个垂直方向的方差之和[109,111-114],若方向相同,各方向的方差也相等。因 $\Delta N_{1_{ij}}$、ΔE_{ij} 方向分别和 Δx_{ij}、Δy_{ij} 及 x_{ij}^*、y_{ij}^* 方向相同,若忽略基线向量的高斯投影长度变形,i、j 点大地高(因大地高最大也不会超过 9 km,与地球曲率半径相比为微小值)和 i 点曲率半径误差的影响,得 $\sigma_{\Delta N_{1ij}} = \sigma_{\Delta x_{ij}} = \sigma_{x_{ij}^*}$、$\sigma_{\Delta E_{ij}} = \sigma_{\Delta y_{ij}} = \sigma_{y_{ij}^*}$。

3.6.6　实例分析

设基线向量$(\Delta X_{ij}, \Delta Y_{ij}, \Delta Z_{ij})$在 WGS-84 坐标系中的方差协方差阵如下:

$$\boldsymbol{D}_{\Delta XYZ_{ij}} = \begin{bmatrix} 2.152\ 1 & -1.228\ 3 & -0.648\ 3 \\ -1.228\ 3 & 2.016\ 4 & 0.616\ 2 \\ -0.648\ 3 & 0.616\ 2 & 0.507\ 5 \end{bmatrix} \times 10^{-4} \quad (\mathrm{m}^2)$$

取最不利情况:$B_i = 45°$,$L_i = 117°30'$,$H_i = 10\ 000\ \mathrm{m}$,$L_0 = 117°$,$\Delta B_{ij} = 1°$,$\Delta L_{ij} = 1°$,$\Delta H_{ij} = 10\ 000\ \mathrm{m}$。

3.6.6.1　ΔX_{ij}、ΔY_{ij}、ΔZ_{ij} 误差传播为 Δx_{ij}、Δy_{ij} 误差

由式(3-43)计算得:

$$\boldsymbol{S} = \begin{bmatrix} 0.325\ 7 & -0.639\ 2 & 0.692\ 5 \\ -0.882\ 6 & -0.464\ 0 & -0.012\ 9 \end{bmatrix}$$

$$\boldsymbol{D}_{\Delta xy_{ij}} = \begin{bmatrix} 0.968\ 8 & -0.326\ 3 \\ -0.326\ 3 & 1.097\ 2 \end{bmatrix} \times 10^{-4} \quad (\mathrm{m}^2)$$

3.6.6.2　ΔX_{ij}、ΔY_{ij}、ΔZ_{ij} 误差传播为 $\Delta N_{1_{ij}}$、ΔE_{ij}、ΔU_{ij} 误差

由式(3-48)计算得:

$$\boldsymbol{F}^{-1} = \begin{bmatrix} 0.342\ 6 & -0.631\ 1 & 0.693\ 4 \\ -0.893\ 1 & -0.484\ 9 & 0 \\ -0.331\ 5 & 0.610\ 5 & 0.719\ 3 \end{bmatrix}$$

$$\boldsymbol{D}_{\Delta N_1 EU_{ij}} = \begin{bmatrix} 0.983\,5 & -0.335\,4 & -1.311\,6 \\ -0.335\,4 & 1.126\,9 & 0.714\,0 \\ -1.311\,6 & 0.714\,0 & 2.598\,0 \end{bmatrix} \times 10^{-4} \quad (\text{m}^2)$$

3.6.6.3　ΔX_{ij}、ΔY_{ij}、ΔZ_{ij} 误差传播为 x_{ij}^*、y_{ij}^*、z_{ij}^* 误差

由式(3-51)计算得：

$$\boldsymbol{K} = \begin{bmatrix} 0.326\,5 & -0.627\,2 & 0.707\,1 \\ -0.887\,0 & -0.461\,7 & 0 \\ -0.326\,5 & 0.627\,2 & 0.707\,1 \end{bmatrix}$$

$$\boldsymbol{D}_{xyz_{ij}^*} = \begin{bmatrix} 0.933\,6 & -0.322\,0 & -1.272\,0 \\ -0.322\,0 & 1.117\,0 & 0.742\,9 \\ -1.272\,0 & 0.742\,9 & 2.625\,4 \end{bmatrix} \times 10^{-4} \quad (\text{m}^2)$$

根据 $\boldsymbol{D}_{\Delta XYZ_{ij}}$、$\boldsymbol{D}_{\Delta N_1 EU_{ij}}$、$\boldsymbol{D}_{\Delta xy_{ij}}$ 和 $\boldsymbol{D}_{xyz_{ij}^*}$ 分别计算该基线向量在各自坐标系下的方向误差和向量误差,结果如表 3-1 所列。

表 3-1　4 种坐标系下的误差　　　　　　　　单位:m

坐标系统	$X/N_1/x/x^*$ 方向误差	$Y/E/y/y^*$ 方向误差	$Z/U/z/z^*$ 方向误差	向量误差
空间直角坐标系	0.014 7	0.014 2	0.007 1	0.021 6
大地坐标系	0.009 9	0.010 6	0.016 1	0.021 7
平面直角坐标系	0.009 8	0.010 5		0.014 4
站心直角坐标系	0.009 7	0.010 6	0.016 2	0.021 6

由表 3-1 可知,向量误差在空间直角坐标系和站心直角坐标系下其数值是相等的,但与大地坐标系有微小差异,这是由基线起点的曲率半径误差所引起的。N_1、E 方向误差分别与 x、y 及 x^*、y^* 方向误差几乎相等,前者的微小差异是由基线向量的高斯投影长度变形及两端点大地高所引起的,后者的微小差异是由基线起点的曲率半径误差所引起的。U 方向误差与 z^* 方向误差也几乎相等。N_1、E、U 方向误差更能直观地反映基线向量误差在 3 个重要方向上的大小。

为了与文献[106-107]推导的公式进行比较,将本书前面数据改为 $L_i = L_0 = 0°$,其他数据不变。计算该基线向量在大地坐标系、高斯平面直角坐标系

下的方向误差和向量误差,结果如表3-2所列。

表3-2　2种坐标系下的误差　　　　　　　　　　单位:m

坐标系统	N_1/x 方向误差	E/y 方向误差	U 方向误差	向量误差
大地坐标系	0.014 0	0.014 6	0.008 0	0.021 8
平面直角坐标系	0.014 1	0.014 2	——	0.020 0

　　由表3-2的结果也能得到类似于表3-1的结论。由表3-1、表3-2可知,两表中大地坐标系下的向量误差其数值几乎相等,其微小差异是由基线起点的经度不同所引起的,两表中方向误差分别相差4.3 mm、3.7 mm,这是公式推导的前提假设不同导致的,基线越长,其差异将越大。

3.7　实验分析

3.7.1　数据来源

　　实验数据采集在中国矿业大学环境与测绘学院楼顶进行,观测站环境如图3-2所示。基准站对空通视良好,流动站安置在距东侧和北侧墙面约5 m的位置。基准站和流动站相距10.832 m。实验使用具有多路径抑制功能的Trimble R10测量型接收机,实验过程中取消流动站接收机的多路径抑制功能。观测日期为2017年年积日(DOY)202、203,观测时间是每天上午8:00—11:00。两次观测的天线水平位置和高度保持不变,每站所用接收机也保持不变。设置接收机采样间隔为1 s,截止卫星高度角为15°。

3.7.2　数据处理

3.7.2.1　多路径误差辨识

　　使用RTKLIB软件对两天相同观测时段的数据进行单历元法动态基线解算。由于基线很短,解算使用广播星历,以基准站为固定基准。DOY202、DOY203基线解算结果为固定解,比例分别为99.0%、99.2%。剔除非固定解数据后,将解算得到的WGS-84坐标系下的三维基线向量转换为二维基线向量和大地高差。

　　因为多路径误差具有周期性,只要达到一定的观测时长,GPS基线向量

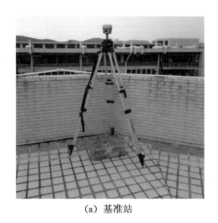 

（a）基准站　　　　　　　　　　　　　（b）流动站

图 3-2　观测站环境

静态解就能够平滑掉多路径误差的影响，因此以静态解作为参考值。图 3-3、图 3-4 所示为二维基线向量和大地高差减去参考值后的原始残差。基线向量原始残差统计如表 3-3 所列。

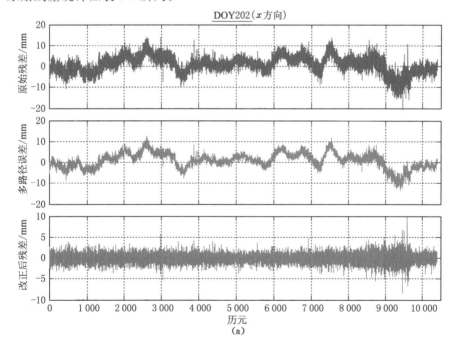

图 3-3　基线向量残差及多路径误差（DOY202）

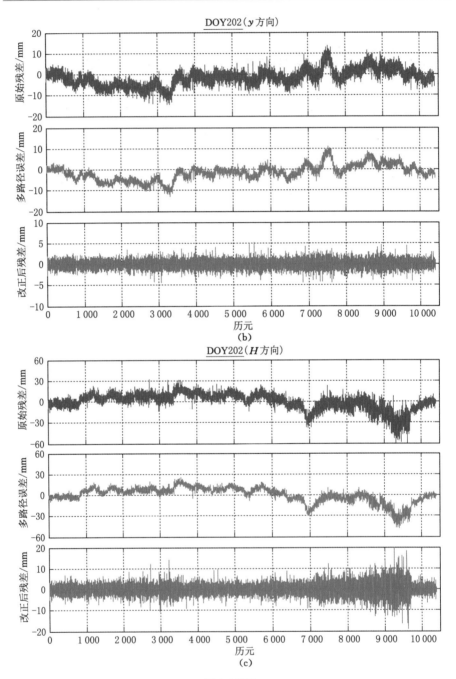

图 3-3（续）

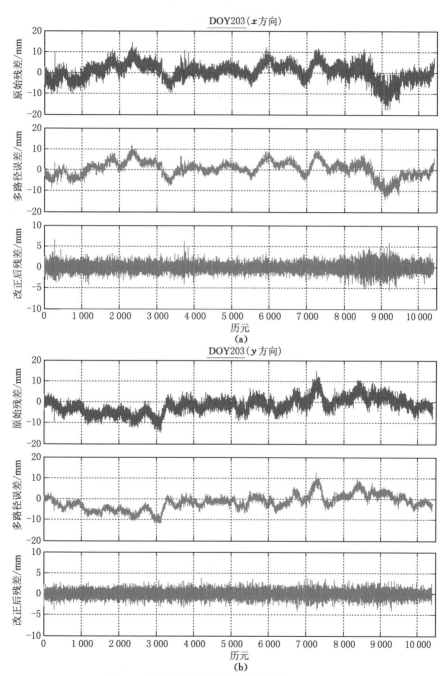

图 3-4　基线向量残差及多路径误差（DOY203）

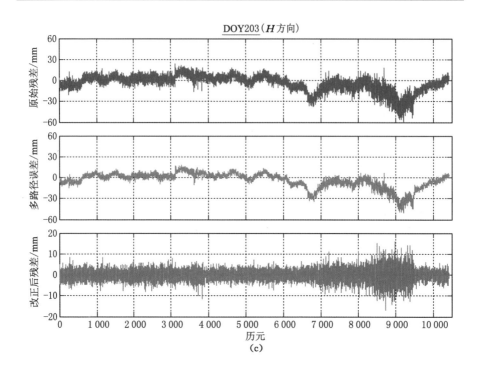

图 3-4(续)

表 3-3　原始残差统计量

残差	DOY202			DOY203		
	x 方向/m	y 方向/m	H 方向/m	x 方向/m	y 方向/m	H 方向/m
最大值	0.014 2	0.013 6	0.031 6	0.014 5	0.014 9	0.023 7
最小值	−0.020 5	−0.014 5	−0.059 8	−0.017 6	−0.014 6	−0.060 2
平均值	0.001 0	−0.001 5	0.000 1	0.000 4	−0.001 5	−0.003 7
标准差	0.004 1	0.003 9	0.012 0	0.004 1	0.003 9	0.011 5

　　由表 3-3 可知,两天基线向量残差均在厘米级,这说明单历元法动态基线解的外符合精度是厘米级。

　　由图 3-3、图 3-4 可知,3 个方向的基线向量残差在两天的重复性非常明显,这种重复性可能是由多路径误差所引起的。为进一步验证基线向量中是否存在多路径误差,经 Jarque-Bera 检验、Lilliefors 检验,在 5% 的显著性水平上,3 个方向两天的残差均为非正态分布。x、y、H 方向的 Pearson 相关性分别为 0.78、0.75 和 0.82(相关性计算顾及了卫星较前一天到达时间提前 236 s),3 个方向的相关性接近且均为强相关,说明两天同方向基线向量的重复性较好。由于基线很短,且采用的是双差模型,对流层和电离层等误差影响基本被消除,可以认为这些系统误差就是多路径误差,基线向量残差是多路径误差和偶然误差的综合影响。因此,可以判断两天的基线向量存在明显的多路径误差。

3.7.2.2　多路径误差处理

对 x、y、H 方向分别进行数据处理。考虑到单历元法动态解精度的统计特性不足,将 x、y、H 方向的基线向量分别认为是等精度观测值,其方差由相应方向所有历元观测值计算得到。各方向验前单位权方差取相应方向基线向量观测值方差。基线解算得到的静态解方差在三维空间直角坐标系下,用上述推导的基线向量误差传播公式将其传播为二维基线向量和大地高差的方差,并由上述单位权方差求得其权值,从而得到其近似值改正数的权。

对每个历元都引入多路径误差参数,因多路径误差具有延续性,采用差分法构造虚拟观测方程,经实验分析,一阶差分结果略优于二、三、四阶差分,因此采用一阶差分构造虚拟观测方程,即相邻历元多路径误差差值近似为零。当同时构造基线向量改正数和多路径误差参数差分虚拟观测方程时,法方程系数矩阵条件数的量级从 10^{20} 降到 10^5,法方程由秩亏转为适定。当只对多路径误差参数构造一阶及以上差分虚拟观测方程时,3 个方向法方程系数矩阵均秩亏 1,这是因为实际观测值方程和虚拟观测方程之间存在函数相关。这说明构造虚拟观测方程时除了考虑约束参数的先验信息,还要顾及实际观测方程和虚拟观测方程之间的相关性。利用最短距离 L 曲线法确定 3 个方向两天的正则化参数均为 0.8。

3.7.3　结果分析

由图 3-3、图 3-4 可知,反演的多路径误差和原始基线向量残差趋势相同,反演的两天同方向的多路径误差趋势也很相似,计算 x、y、H 方向的 Pearson 相关性分别为 0.86、0.83 和 0.92,具有很强的相关性,说明反演的多路径误差是正确的,进一步验证了系统误差就是多路径误差。反演的多路径误差的一阶差分期望值为零,表明一阶差分约束满足虚拟观测方程的构造原则。由图 3-3、图 3-4 也可以看出,经多路径误差改正后的基线向量残差已去除趋势项影响,其数值明显减小,尤其在高程方向更加明显,表明基线向量中的多路径误差被有效消除了。经 Jarque-Bera 检验、Lilliefors 检验判断,在 5% 的显著性水平上,3 个方向两天的残差均为正态分布,已具有偶然误差特性。其统计结果如表 3-4 所列。

表 3-4 改正后残差统计量

残差	DOY202			DOY203		
	x 方向/m	y 方向/m	H 方向/m	x 方向/m	y 方向/m	H 方向/m
最大值	0.009 7	0.005 1	0.020 5	0.006 5	0.003 7	0.016 0
最小值	−0.008 3	−0.004 4	−0.019 1	−0.005 5	−0.004 0	−0.016 8
平均值	0	0	0	0	0	0
标准差	0.001 2	0.001 0	0.002 8	0.001 1	0.001 0	0.002 7

基线向量参数估计结果如表 3-5 所列。

表 3-5 基线向量参数估值

方向	DOY202			DOY203		
	X_R/m	$\hat{X}$/m	$\hat{X}_{ls}$/m	X_R/m	$\hat{X}$/m	$\hat{X}_{ls}$/m
x	4.027 7	4.027 7	4.028 7	4.028 4	4.028 4	4.028 8
y	9.923 8	9.923 8	9.922 3	9.923 6	9.923 6	9.922 1
H	−1.628 4	−1.628 4	−1.628 3	−1.624 3	−1.624 3	−1.628 0

由表 3-5 可知,广义选权拟合法估计结果 $\hat{X}$ 和参考值 X_R 相同,优于最小二乘法估计结果 $\hat{X}_{ls}$,而且其能够反演出多路径误差,这是它比最小二乘法的主要优越之处。最小二乘法估计结果和参考值也很接近,这是因为虽然最小二乘法没有顾及多路径误差的影响,但因为多路径误差的周期性,当观测时间较长时,多路径误差被平滑掉了。

3.8 本章小结

吉洪诺夫正则化方法为解算不适定问题提供了理论基础,正则化解可对全部或部分参数进行约束。选权拟合法是吉洪诺夫正则化方法的改进,其只对部分有先验信息的参数进行约束。两者都是有偏估计。

对选权拟合法进行了扩展,即对所有参数进行分类约束,对不同类参数分别构造正则化矩阵。借鉴自由网平差的虚拟观测值法,根据虚拟观测值改正数的加权平方和极小原则,推导了广义选权拟合等价模型和单位权中误差计算公式,并给出了选取正则化矩阵的方案。

以等价模型结合半参数模型来反演 GPS 基线向量多路径误差,分别建立基线向量改正数和多路径误差一阶差分虚拟观测值来解决半参数模型的秩亏问题,在此基础上构造了正则化矩阵,用 L 曲线法计算正则化参数。虚拟观测方程差分阶数的选取除了考虑参数的先验信息,还要顾及观测方程之间的相关性。实测数据计算结果表明,等价模型能够有效地将多路径误差从基线向量观测值中分离出来,并同时实现基线向量的高精度估计。

高精度地推导了 GPS 基线向量误差从空间直角坐标系到高斯平面直角坐标系严密和通用的传播公式。鉴于严密传播过程分两步进行,且转换矩阵复杂,从推导的空间直角坐标系到大地坐标系的全微分公式入手,将大地坐标系中的误差单位统一用长度表示,推导了基线向量误差从空间直角坐标系到大地坐标系的传播公式,大地坐标系下三个参数的误差能直接反映平面和高程上的测量精度,该公式可代替严密公式的传播结果,且误差传播矩阵形式简单,也能满足传播精度要求。GPS 基线向量误差从空间直角坐标系到站心直角坐标系的传播公式也可代替严密传播公式,其误差传播矩阵不仅形式更简单,且为正交矩阵,也能满足传播精度要求。

第 4 章　基于 SNR 的 GPS-IR 技术机理分析

4.1　概述

GPS-R 技术是一种新型的卫星遥感技术,可用于海面的高度、风速、粗糙度、有效波高,海冰厚度,海水盐度,植被高度,土壤含水量,积雪厚度及地形测量等方面[14-15,115-117]。但其测量需要两副天线,接收机记录的是伪随机码相关功率波形和多普勒频移[117],这种特殊的硬件需求极大地限制了其大范围的推广应用。

长期以来,研究反射信号的目的一直是如何消除其对提高定位精度的不良影响。近年来,随着研究的不断深入,有学者发现从反射信号中能够提取出与环境有关的信息,这一技术被称之为 GPS-IR[17-20,49,60-61,69],GPS-IR 已成为 GPS 应用的新亮点。尽管都是利用 GPS 反射信号,但是 GPS-IR 与 GPS-R 有着本质的不同,首先,GPS-IR 使用的观测设备是常规的测量型接收机及天线,不需要两副天线,也无须更改天线的朝向;其次 GPS-IR 所用的观测值主要是载波信噪比,测量型 GPS 接收机都具备输出这种观测值的功能。

基于 SNR 的 GPS-IR 技术进行雪深、水面高度和土壤含水量测量的原理相同[17-20,49,60-61,63-64,69],都是从测量型 GPS 接收机接收的 SNR 中包含了反射信号的影响出发,从中分离出承载反射面物理信息的信噪比变化量(简称信噪比残差),再由信噪比残差估计出反射信号的振幅、频率和初始相位等干涉参数,最后由干涉参数求出雪深、水面高度和土壤含水量。

虽然利用 GPS-IR 技术监测雪深、水面高度和土壤含水量已经进行了一些初步研究,但对于 GPS-IR 的技术机理还未阐释清楚,例如:① GPS 卫星发射的是右旋圆极化波,理论上,经反射物一次反射后 GPS 信号转换为左旋圆极化波(GPS-IR 技术只考虑基本没有坡度的一次反射),而测量型 GPS 接收机只有一副方向朝天顶只能接收右旋圆极化波的天线,且接收机底部安装有阻止反射信号进入接收机的抑径板,反射信号为什么还能被测量型 GPS 接收机天线接收? ② 大量实验表明同一颗卫星的信噪比残差,在低高度角区间内(如 30°以下)比在高高度角区间内(如 30°以上)数值大,即认为当卫星处于低高度角区间内时,反射信号对 SNR 的影响大,为什么会有这样的变化规律? ③ 各种应用领域的反演模型都是基于信噪比残差序列呈近似"余弦曲线"形态,该结论成立需要满足什么样的前提条件?

鉴于现有研究对 GPS-IR 技术的反射信号接收、低高度角信噪比观测值的使用、信噪比残差的形态等机理还未阐释清楚,且几乎都是通过实验进行验证的,本章将从理论和实验两方面对其进行分析,为 GPS-IR 技术应用提供借鉴。

4.2 常用反射物的导电性能

因 GPS 卫星以一定的频率发射随时间呈时谐(正弦或余弦)变化的电磁波信号,所以 GPS 信号所产生的电磁场为时谐电磁场。在时谐电磁场中,对于电导率为有限值的反射物,其复介电常数 ε_c 可表示为[115,118]:

$$\varepsilon_c = \varepsilon - \mathrm{j}\frac{\sigma}{2\pi f} \tag{4-1}$$

式中 j——虚数单位;

ε——反射物的介电常数,F/m,$\varepsilon = \varepsilon_R \varepsilon_0$,$\varepsilon_R$ 为反射物的相对介电常数,无量纲,ε_0 为真空的介电常数,$\varepsilon_0 = 10^{-9}/(36\pi)$;

σ——反射物的电导率,S/m;

f——电磁波频率,Hz。

反射物的损耗由其损耗角正切表示为[118]:

$$\tan \delta = \frac{\sigma}{2\pi f \varepsilon} \tag{4-2}$$

式中 $\tan\delta$——反射物中的传导电流与位移电流的振幅之比。当 $\tan\delta \ll 1$(通常取 $\tan\delta < 0.01$)时,反射物中传导电流的振幅远小于位移电流的振幅,因此称该反射物为弱导电体或良绝缘体;当 $\tan\delta \gg 1$(通常取 $\tan\delta > 100$)时,反射物中传导电流的振幅远大于位移电流的振幅,因此称该反射物为良导体[118]。

表 4-1 所列是 GPS-IR 应用领域中有关反射物的相对介电常数和电导率的近似值,反射物的电导率均很小。

表 4-1　反射物的近似物理参数[119]

	ε_R	$\sigma \times 10^{-3}/(S/m)$	$\tan \delta_1$	$\tan \delta_2$
海水	81.0	3 000.00	0.420 00	0.540 00
淡水	81.0	0.50	0.000 07	0.000 09
雪	1.4～3.0	0.01	0.000 08～0.000 04	0.000 10～0.000 05
土壤	3.0～40.0	0.10～50.0	0.000 03～0.190 00	0.000 04～0.240 00

GPS 的 L1、L2 载波信号频率 $f_1 = 1\ 575.42$ MHz、$f_2 = 1\ 227.60$ MHz,计算得损耗角正切值如表 4-1 所列。由表 4-1 可知,对于 GPS 信号,淡水、雪和土壤的损耗角正切值均很小,式(4-1)中的虚部相对于实部可忽略不计;海水的损耗角正切值较大,说明式(4-1)中的虚部较大,为了分析方便,只考虑实部的影响,但这种忽略会带来一定的误差,因而可用菲涅耳公式进行 GPS-IR 技术机理分析。

4.3　反射信号的接收机理

本节研究经一次反射后 GPS 信号的极化特性发生了变化,且测量型接收机底部安装有抑径板的情况下,GPS 反射信号的接收机理。

4.3.1　反射信号的极化特性

由文献[118]可知,距离波源足够远的球面波的波阵面上的一小部分可看作均匀平面波。由于 GPS 卫星发射的信号是准单色的相位调制球面波[115],它是 GPS 卫星通过多根螺旋形天线组成的阵列天线发射地球张角约为 30°的电磁波束,覆盖卫星的可见地面,且 GPS 卫星距离地面约有 2 万 km,因此可将到达地表反射物的 GPS 信号当作均匀平面波处理。

4.3.1.1　线极化波的反射特性

电磁波的反射、透射与入射的能量关系由反射系数和透射系数确定,当 GPS 信号从空气入射到非磁性介质表面上时,均匀平面波的垂直极化波和平行极化波的菲涅耳公式为[118]：

$$R_\perp = \frac{\sin E - \sqrt{\varepsilon_2/\varepsilon_1 - \cos^2 E}}{\sin E + \sqrt{\varepsilon_2/\varepsilon_1 - \cos^2 E}} \tag{4-3}$$

$$R_{//} = \frac{(\varepsilon_2/\varepsilon_1)\sin E - \sqrt{\varepsilon_2/\varepsilon_1 - \cos^2 E}}{(\varepsilon_2/\varepsilon_1)\sin E + \sqrt{\varepsilon_2/\varepsilon_1 - \cos^2 E}} \tag{4-4}$$

$$T_\perp = \frac{2\sin E}{\sin E + \sqrt{\varepsilon_2/\varepsilon_1 - \cos^2 E}} \tag{4-5}$$

$$T_{//} = \frac{2\sqrt{\varepsilon_2/\varepsilon_1}\sin E}{(\varepsilon_2/\varepsilon_1)\sin E + \sqrt{\varepsilon_2/\varepsilon_1 - \cos^2 E}} \tag{4-6}$$

式中　$R_\perp$、$R_{//}$——垂直极化波和平行极化波的反射系数；

　　　$T_\perp$、$T_{//}$——垂直极化波和平行极化波的透射系数；

　　　E——卫星高度角（以下简称高度角）；

　　　ε_1、ε_2——空气和反射物的介电常数。

因空气和真空的介电常数近似相等，取 $\varepsilon_1 = \varepsilon_0$，限于篇幅，反射物的介电常数取表 4-1 中的最小值，结合式(4-3)、式(4-4)，得垂直极化波和平行极化波反射系数的模$|R|$与高度角的变化关系（见图 4-1，海水和淡水图形相同）；结合式(4-5)、式(4-6)，得垂直极化波和平行极化波透射系数的模$|T|$与高度角的变化关系（见图 4-2，海水和淡水图形相同）。

由图 4-1 可知，随着高度角的增大，垂直极化波的反射系数逐渐减小并趋于稳定，介电常数越大，反射系数的变化幅度越小。由式(4-3)可知，使 $R_\perp = 0$，即式(4-3)中的分子部分为 0，此时 $\varepsilon_1 = \varepsilon_2$，垂直极化波不会发生全透射现象。由图 4-2 可知，随着高度角的增大，垂直极化波的透射系数也逐渐增大。

由图 4-1 也可知，随着高度角的增大，平行极化波的反射系数先减小再增大，介电常数越大，反射系数的变化幅度越大；反射系数的最小值为 0，此时 $R_{//} = 0$，即式(4-4)中的分子部分为 0，经化简得到：

$$E = \arcsin\sqrt{\frac{\varepsilon_1}{\varepsilon_1 + \varepsilon_2}} \tag{4-7}$$

由式(4-7)可知，此时海（淡）水、雪和土壤对应的高度角分别为 6.3°、40.2°和 30.0°，统称为极化高度角，此时平行极化波发生全透射现象，反射信号中只剩垂直极化波；当高度角不等于极化高度角时，平行极化波不会发生全透射现象。由图 4-2 可知，随着高度角的增大，平行极化波的透射系数也逐渐增大。

因空气的介电常数小于海（淡）水、雪和土壤的介电常数，由斯耐尔折射定

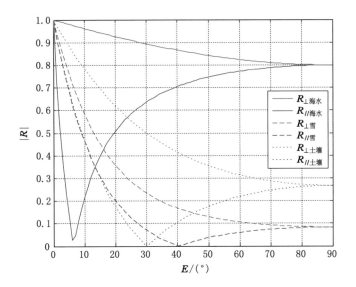

图 4-1　线极化波反射系数的模

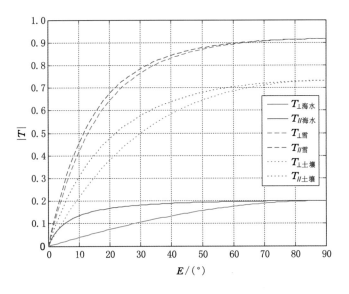

图 4-2　线极化波透射系数的模

律可知,入射的垂直极化波和平行极化波不会发生全反射现象。

综上所述,GPS信号从空气入射到海(淡)水、雪和土壤表面会同时存在反射和透射现象。当高度角越大或介电常数越小时,GPS入射波中的垂直极化波和平行极化波的能量透射到反射物中就越多。

4.3.1.2 圆极化波的反射特性

任何一个圆极化波均可以分解成两个相互正交的线极化波之和,垂直极化波和平行极化波即为其中一对正交的线极化波。GPS卫星发射的是右旋圆极化波信号,将其反射后的垂直极化波和平行极化波进行叠加,即可获得右旋圆极化波经一次反射后的反射信号特性,其计算公式为[120]:

$$R_{rr} = \frac{1}{2}(R_{//} + R_{\perp}) \qquad (4-8)$$

$$R_{rl} = \frac{1}{2}(R_{//} - R_{\perp}) \qquad (4-9)$$

式中 R_{rr}、R_{rl}——反射后的右旋圆极化波和左旋圆极化波的反射系数。

限于篇幅,反射物的介电常数取表 4-1 中的最小值,结合式(4-8)、式(4-9),得右旋圆极化波和左旋圆极化波反射系数的模$|R|$与高度角的变化关系(见图 4-3,海水和淡水图形相同)。

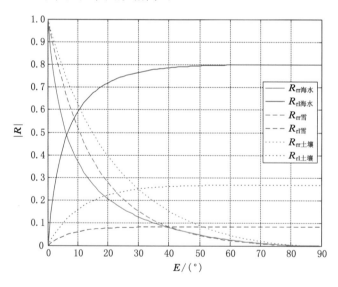

图 4-3 圆极化波反射系数的模

由图 4-3 可知,随着高度角的增大,右旋圆极化波逐渐减少并趋于 0,右旋圆极化波转换为左旋圆极化波的增多,当高度角达到 $40°$ 以后趋于稳定。当 $R_{rr}=R_{rl}$ 时,结合式(4-8)、式(4-9),得 $R_{//}=0$,此时的高度角为上述的极化高度角。减少的右旋圆极化波并没有全部转换为左旋圆极化波,由图 4-2 可知,这是因为 GPS 入射的右旋圆极化波部分透射到了反射物中。当右旋圆极化波斜入射到非理想导体表面时,经一次反射其反射信号只有部分转换为左旋圆极化波,转换比例随着高度角和介电常数增大而变大。由文献[118]中理想导体表面电场所满足的边界条件,经简单推导可知,当右旋圆极化波垂直入射到理想导体表面时,经一次反射全部转换为左旋圆极化波。

综上所述,GPS 反射信号中同时存在右旋圆极化波和左旋圆极化波,且高度角越小,右旋圆极化波越多。因此,测量型 GPS 接收机天线能够接收 GPS 反射信号中的右旋圆极化波。

4.3.2　接收机抑径板的影响

GPS 接收机底部安装有阻止反射信号进入接收机的抑径板,理论上,抑径板能够全部抑制接收机底部来的反射信号,但实际最多可抑制 27%[29],这是因为反射信号在抑径板处发生了衍射现象。用惠更斯原理能够定量地解释这一现象,当反射信号遇到抑径板时,其传播方向发生改变,并能绕过抑径板边缘而继续向前传播。

衍射现象显著与否和抑径板的大小与反射信号波长之比有关,若抑径板的宽度远大于波长,衍射现象不明显;若抑径板的宽度与波长差不多,衍射现象就比较明显;若抑径板的宽度小于波长,则衍射现象更加明显。GPS 卫星发射的 L1、L2 载波的波长分别为 19.03 cm、24.42 cm,与常用 GPS 接收机抑径板的宽度相近,且电磁波传播的能量是场分布形式,反射信号在抑径板处发生较明显的衍射现象,从而反射信号能够被接收机天线接收。一般电磁波能衍射绕过障碍物的距离小于 1.5 倍波长(在无反射的情况下约为 1 倍波长)[59]。

4.4　反射信号的影响机理

研究在不同高度角情况下,GPS 反射信号对 SNR 的影响规律。

4.4.1 信号振幅的关系

设 GPS 卫星发射机发射信号的功率为 P_t,卫星天线增益为 G_t,载波波长为 λ,卫星到接收机的距离为 d,大气损失为 L_f,则接收机接收到的直射信号功率 P_R 为[115,121]:

$$P_R = \frac{G_R \lambda^2}{(4\pi)^2} \frac{P_t G_t}{L_f d^2} \tag{4-10}$$

式中 G_R——接收机天线增益(见图 4-4)。

和反射信号的天线增益

设 GPS 信号经反射物反射后到达接收机,直射信号和反射信号的振幅分别为[60]:

$$\begin{cases} A_d = P_R G_R(+E) \\ A_M = P_R R_s G_R(-E) \end{cases} \tag{4-11}$$

式中 A_d、A_M——经接收机接收后的直射信号和反射信号的振幅;

$G_R(+E)$、$G_R(-E)$——入射波高度角为$+E$、$-E$时的接收机天线增益;

R_s——反射系数($0 \leqslant R_s \leqslant 1$),也称衰减系数,反射信号的部分能量被反射面所吸收,反射信号强度一般会减小。

接收机天线增益随高度角的变化而变化,所以信号振幅是随时间不断变化的标量。为了有效抑制反射信号进入接收机,通常将接收机天线增益设计成 $G_R(+E) \gg G_R(-E)$,且 $G_R(+E) > 1$, $G_R(-E) < 1$,即直射信号振幅由于接收机天线增益模式设计而变大了,反射信号振幅由于接收机天线增益和反射过程信号衰减原因而变小了。因此,直射信号和反射信号的振幅关系为:

$$A_d \gg A_M \tag{4-12}$$

由第 2 章可知,不同信号的振幅关系为:

$$A_c^2 = A_d^2 + A_M^2 + 2A_d A_M \cos \psi \tag{4-13}$$

式中 A_c——合成信号的振幅;

ψ——直射信号和反射信号的相位延迟。

当无反射信号时,$A_c = A_d$。

由式(4-12)、式(4-13)可知,直射信号决定合成信号的总体变化趋势,而反射信号则表现为局部的波动。设反射信号和直射信号的振幅比 $\alpha = A_M / A_d$,代入式(4-13)得:

$$A_c^2 = A_d^2 + \alpha^2 A_d^2 + 2\alpha A_d^2 \cos \psi \qquad (4\text{-}14)$$

由式(4-12)可知 α 很小,忽略 α 的二次项,式(4-14)可近似写为:

$$A_c^2 = A_d^2 + 2\alpha A_d^2 \cos \psi \qquad (4\text{-}15)$$

4.4.2　信噪比和振幅的关系

信噪比是测量型 GPS 接收机的观测值,它表征信号的强度[61]。SNR 主要受接收机天线增益、接收机中相关器的状态和反射信号三个方面的影响[122],接收机中相关器的状态一般较好,即 SNR 的观测噪声一般很小。接收机噪声功率一般为常量,它对 SNR 序列的频率和相位没有直接影响,将它去除后有[53,122]:

$$\begin{cases} \mathrm{SNR} = A_c^2 + \mathrm{noise} \approx A_c^2 \\ \mathrm{SNR_d} = A_d^2 \end{cases} \qquad (4\text{-}16)$$

式中　SNR——合成信号信噪比,其值随着高度角的增大而增大;

　　　SNR$_d$——直射信号信噪比;

　　　noise——SNR 的观测噪声。

将式(4-16)代入式(4-15),得:

$$\mathrm{SNR} = \mathrm{SNR_d} + \mathrm{dSNR} \qquad (4\text{-}17)$$

式中　dSNR——信噪比残差,其计算公式为:

$$\mathrm{dSNR} = 2\alpha A_d^2 \cos \psi \qquad (4\text{-}18)$$

由式(4-12)可知,直射信号信噪比远大于信噪比残差,在 GPS 接收机输出的 SNR 中,SNR$_d$ 决定着 SNR 的总体变化趋势,即相当于 SNR 的趋势项,而 dSNR 则表现为局部的周期性波动,认为它主要是由反射信号影响所致。由图 4-2 可知,高度角越小,GPS 入射波能量透射到反射物中就越少,其反射信号的强度就越大,此时 dSNR 受反射信号的影响就越严重,这与第 2 章中 HM 模型的表达结果一致,因此 GPS-IR 一般只利用高度角 30°以下的反射信号。

4.4.3　基于信噪比残差的反演模型

由第 2 章可知,反射信号和直射信号间的相位延迟 ψ 为:

$$\psi = \frac{4\pi h}{\lambda} \sin E \qquad (4\text{-}19)$$

式中　h——接收机天线相位中心与反射点的垂直距离(简称垂直反射距离,

见图 4-4)。

由第 2 章和式(4-19)可知,来自地表反射面的反射信号角频率为:

$$\omega = \frac{\mathrm{d}\psi}{\mathrm{d}t} = \frac{4\pi h}{\lambda}\frac{\mathrm{d}\sin E}{\mathrm{d}t} \tag{4-20}$$

若定义 $x = \sin E$,即将高度角的正弦作为自变量,则反射信号相位延迟对于高度角正弦的变化率可以表示为:

$$\frac{\mathrm{d}\psi}{\mathrm{d}x} = \frac{4\pi h}{\lambda} \tag{4-21}$$

令 $A = 2\alpha A_\mathrm{d}^2$,将式(4-21)代入式(4-18),得:

$$\mathrm{dSNR} = A\cos\left(\frac{4\pi h}{\lambda}\sin E + \varphi\right) \tag{4-22}$$

式中 A——余弦曲线的振幅;

φ——初始相位。

由式(4-11)、式(4-22)和图 4-2 可知,当高度角变化范围较小时,直射信号和反射信号的振幅变化也较小,余弦曲线的振幅变化也不大,此时 dSNR 序列呈近似"余弦曲线"形态。

由于接收机天线是按增益模式设计,卫星从地平线升起到地平线消失,而使得 $\mathrm{SNR_d}$ 序列呈近似"抛物线"形态,SNR 序列就呈近似"抛物线+余弦曲线"形态。可使用二阶多项式拟合得到 $\mathrm{SNR_d}$,再由式(4-17)实现二者的分离,即得信噪比残差。只要获得 dSNR 及其对应历元的高度角,通过模型解算就可以得到垂直反射距离、初始相位等参数。

4.4.4 实验分析

4.4.4.1 降雪观测实验

实验使用的 GPS 数据来源于美国板块边缘观测(PBO)计划的 P360 站,该站接收机为 Trimble NETRS,天线类型为 TRM29659.00。收集到 PRN8 卫星于 2014 年 DOY42、DOY75、DOY101、DOY112 的观测数据,采样间隔为 15 s。图 4-5 给出了 L1 载波信噪比、信噪比残差的变化曲线以及 L-S 谱分析结果。

由图 4-5(a)可知,在高度角较高时,接收机天线增益较大,使得 $\mathrm{SNR_d}$ 变大,其形态呈近似"抛物线";反射信号的强度与高度角密切相关,总体来看,在低高度角时,SNR 受反射信号影响严重,此时 dSNR 的振幅较大。由图 4-5(b)

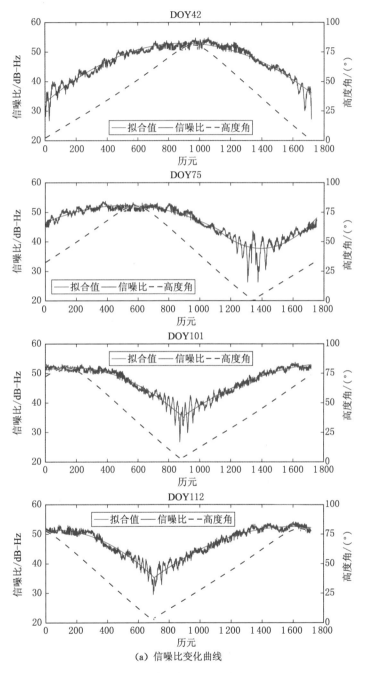

(a) 信噪比变化曲线

图 4-5　降雪信噪比及谱分析

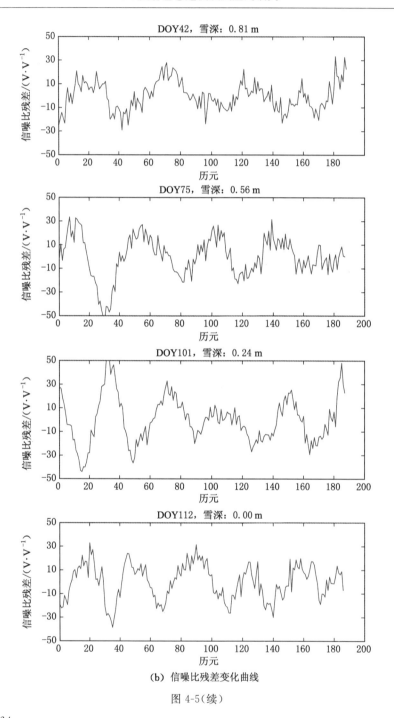

（b）信噪比残差变化曲线

图 4-5（续）

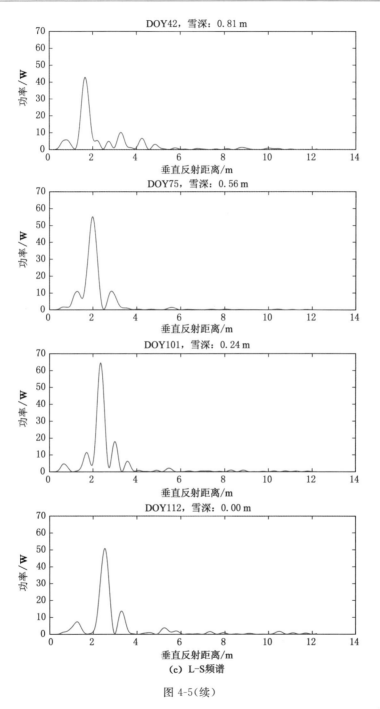

(c) L–S频谱

图 4-5(续)

可知,dSNR 单位为由指数变化 dB-Hz 线性化的 $V \cdot V^{-1}$,下同,其形态呈近似"余弦曲线",随着降雪厚度的减小,其频率逐渐增大,这与第 2 章的结论一致。由图 4-5(c)可知,随着降雪厚度减小,垂直反射距离增大,反演雪深值逐渐减小。

4.4.4.2 海面观测实验

实验使用的 GPS 数据来源于 PBO 计划的 SC02 站,该站接收机为 Trimble NETRS,天线类型为 TRM29659.00。收集到 PRN1、PRN3、PRN19、PRN26 卫星于 2014 年 DOY43 的观测数据,采样间隔为 15 s。图 4-6 给出了 L1 载波信噪比、信噪比残差的变化曲线以及 L-S 谱分析结果。

由图 4-6(a)可知,在高度角较高时,接收机天线增益较大,使得 SNR_d 变大,其形态呈近似"抛物线";反射信号的强度与高度角密切相关,总体来看,在低高度角时,SNR 受反射信号影响严重,此时 dSNR 的振幅较大。由图 4-6(b)可知,dSNR 形态呈近似"余弦曲线"。由图 4-6(c)可知,随着海面高度的变化,垂直反射距离也在变化。

4.4.4.3 土壤观测实验

实验使用的 GPS 数据来源于 PBO 计划的 P041 站,该站接收机为 Trimble NETRS,天线类型为 TRM29659.00。收集到 PRN8 卫星于 2014 年 DOY103、DOY104 的观测数据,采样间隔为 15 s。图 4-7 给出了 L1 载波信噪比、信噪比残差的变化曲线以及 L-S 谱分析结果。

由图 4-7(a)可知,在高度角较高时,接收机天线增益较大,使得 SNR_d 变大,其形态呈近似"抛物线";反射信号的强度与高度角密切相关,总体来看,在低高度角时,SNR 受反射信号影响严重,此时 dSNR 的振幅较大。由图 4-7(b)可知,dSNR 形态呈近似"余弦曲线",随着土壤含水量的增加,其频率逐渐减小,这与第 2 章得出的结论一致。由图 4-7(c)可知,随着土壤含水量的增加,垂直反射距离减小。

由图 4-7 可知,相邻两天 SNR、SNR_d 和 dSNR 的变化曲线以及 L-S 谱分析结果非常接近。

4.5　本章小结

基于电磁场与电磁波理论,阐释了 GPS 卫星发射的信号经反射物一次反射

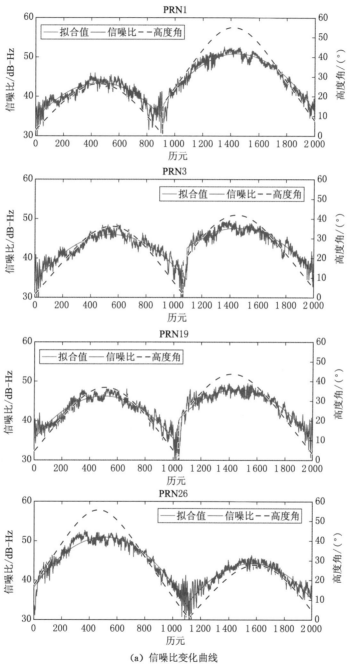

（a）信噪比变化曲线

图 4-6　海水信噪比及谱分析

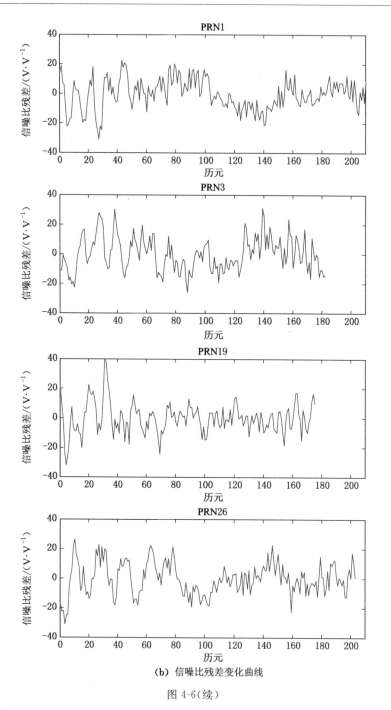

(b) 信噪比残差变化曲线

图 4-6(续)

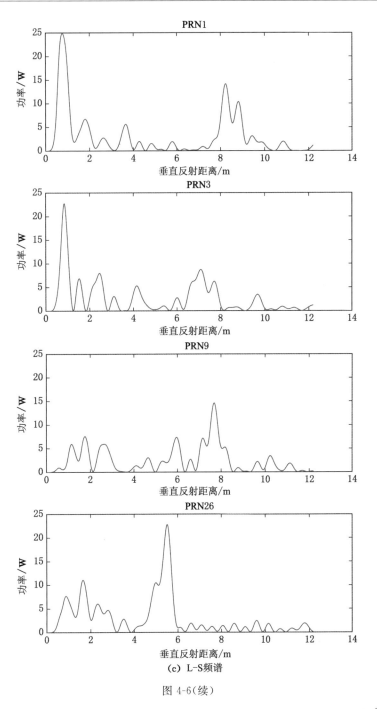

（c）L-S频谱

图 4-6（续）

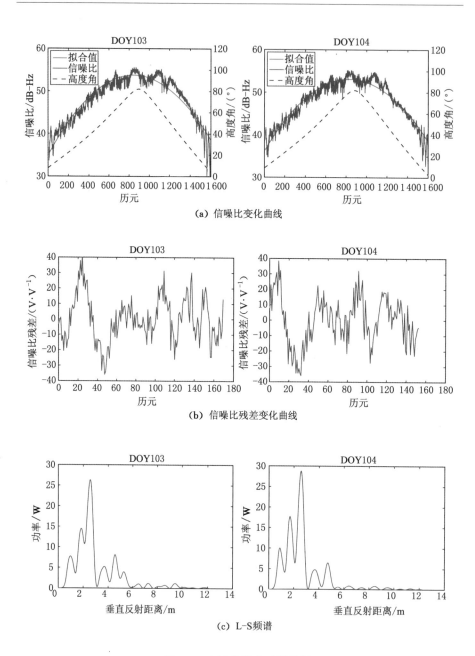

(a) 信噪比变化曲线

(b) 信噪比残差变化曲线

(c) L-S频谱

图 4-7 土壤信噪比及谱分析

后极化特性发生改变,接收机底部安装有抑径板的情况下,测量型 GPS 接收机天线仍能接收反射信号,且 GPS-IR 技术应用中只使用低高度角信噪比观测值的原因。根据测量型 GPS 接收机天线对直射信号和反射信号设计出不同的增益模式,分析了直射信号和反射信号在振幅上的区别,根据这一区别以及信号振幅与信噪比的关系,给出了直射信号和反射信号信噪比的形态,实现了直射信号和反射信号信噪比的分离,从而建立了基于信噪比残差的反演模型。

第 5 章　GPS-IR 监测近地空间水环境

5.1　概述

全球环境变化已引起人们的高度重视,海面、湖面高度变化因其能在短时间内定量反映全球气候及环境变化,因而在全球环境变化研究中发挥着重要作用[123]。目前测定海面、湖面高度的方法大致分为两种:一是利用验潮站,二是采用卫星测高。对于验潮站测高,因其测高精度高得到广泛的应用,但其存在建设成本高、空间分辨率低的问题。对于卫星测高,由 5~8 颗测高雷达卫星组成的星座只能达到约 7 天的时间分辨率和 50 km 的空间分辨率[115],只适用于低时空分辨率的测高应用。

土壤水分是生物生存的基础,也是各类气候模型、水文模型、生态模型和陆面过程模型的关键参数[124-127]。土壤含水量测定方法有烘干称重法、中子扩散法、频域反射法、卫星遥感监测法等,各种方法均存在一定的缺陷。如烘干称重法操作烦琐,对土壤有破坏,无法实现在线快速测量;中子扩散法的设备昂贵,存在辐射防护问题,容易污染环境和危害人体健康;频域反射法在土壤特别干燥时,测量精度低,因此在一些干旱地区不便于推广应用;卫星遥感监测法由于气象卫星运行特点和遥感传感器本身性能的限制,其监测结果也会受到下垫面条件的影响,时间分辨率也较低[126-127]。

因此,如何以低成本、自动化获取实时、高时间分辨率的海面、湖面高度和土壤含水量,对全球气候及环境变化、农业生产等众多领域都有着重要的科学意义和实用价值。

5.2　利用 GPS-IR 测量湖面高度

第 1 章和第 4 章已对 GPS-IR 技术测量水面高度的原理和应用情况进行

了介绍。考虑到 GPS 测量过程中部分历元 SNR 未被接收机记录或信噪比残差的非等间距特性,且其不一定满足整周期采样,利用快速傅里叶变换解算容易造成频率泄露,Lomb-Scargle 频谱分析法(简称 L-S 谱分析)克服了快速傅里叶变换的问题,且能提取出弱周期信号[60-61,128-130],目前由信噪比残差估计反射信号频率都是采用 L-S 谱分析。因为 L-S 谱分析是用正弦波表示各种形式波形,它只能处理弱噪声的大样本观测值,但实际分离出的信噪比残差中除实际值外,还有接收机观测噪声,这两者都可能带来异常 SNR 观测值,因此 L-S 谱分析也存在功率谱分析的辨识度不高问题,仍有可能出现频率泄露[130]。文献[128]证明了 L-S 谱分析和最小二乘估计法在理论上的等价性,最小二乘估计法除具有 L-S 谱分析所有最优统计特性外,且无大样本观测值要求。

鉴于 SNR 中含有异常观测值,研究利用基于稳健非线性最小二乘估计的信赖域法进行反射信号频率估计,进而得到湖面高度,并分析原始单位信噪比和单位线性化的信噪比对结果的影响。利用单台测量型接收机的 GPS-IR 技术实现湖面高度测量,并通过理论和实验验证上述问题。

5.2.1 湖面高度计算

原理如图 4-4 所示。由式(4-22)可知,只要获得信噪比残差 dSNR 及其对应历元的卫星高度角,通过模型解算就可以得到垂直反射距离。

5.2.1.1 Lomb-Scargle 频谱分析

令 $t = \sin E$、$f = 2h/\lambda$,则式(4-22)可以简化为标准的余弦函数形式:

$$dSNR = A\cos(2\pi ft + \varphi) \tag{5-1}$$

待估参数 h 包含在频率 f 中,因 f 对应的时间变量是已知量 $\sin E$,不是通常物理意义的频率,只具有几何意义,是一个无量纲的量,但这并不影响本问题的分析,f 仍可通过频谱分析得到。尽管接收机是按照固定的采样间隔记录 SNR 值,但 $\sin E$ 不是等间隔采样,且 dSNR 值部分缺失或无法保证整周期截断,采用 L-S 谱分析方法进行处理。其算法公式为[128-129]:

$$P_x(\omega) = \frac{1}{2\sigma^2}\left\{\frac{\left[\sum(X_i - \bar{X})\cos\omega(t_i - \tau)\right]^2}{\sum\cos^2\omega(t_i - \tau)} + \right.$$

$$\left. \frac{\left[\sum(X_i - \bar{X})\sin\omega(t_i - \tau)\right]^2}{\sum\sin^2\omega(t_i - \tau)}\right\} \tag{5-2}$$

式中　P_x——信号功率；

　　　X_i——t_i 历元的观测值，此处为 dSNR；

　　　$\bar{X}$、σ^2——X_i 的均值和方差；

　　　$\omega = 2\pi f$；

τ 的计算式为：

$$\tan(2\omega\tau) = \sum \sin(2\omega t_i) / \sum \cos(2\omega t_i) \qquad (5\text{-}3)$$

实际应用中，先根据 λ 值和 h 概略值，由式 $f = 2h/\lambda$ 确定 f 的取值范围，再通过 L-S 谱分析得到最大功率 P_x 对应的频率 f 即为所求有效频率值，最后由 $h = f\lambda/2$ 算得 h。

5.2.1.2　信赖域法估计

令 $\omega = 2\pi f$，则式(5-1)可表示为：

$$\text{dSNR} = A\cos(\omega t + \varphi) \qquad (5\text{-}4)$$

式(5-4)是一个非线性模型，A、ω 和 φ 均为待估参数。通过非线性最小二乘迭代可以获得 A、ω 和 φ 的估计值[131]。常见的迭代算法有牛顿法、高斯-牛顿法、信赖域法、Levenberg-Marquardt 法等，本书采用信赖域法进行参数估计。通过计算得到 ω，再根据 $h = \omega\lambda/(4\pi)$ 算得 h。

因接收机的位置固定，其天线相位中心高程 H 可通过精密单点定位或差分定位得到，则湖面高程为 $H_w = H - h$，由此实现湖面高度测量。

5.2.2　实验分析

5.2.2.1　数据采集

为了验证 GPS-IR 技术测量湖面高度的有关情况，于 2011 年 5 月 5 日 (DOY125)和 5 月 13 日(DOY133)在武汉市东湖岸边开展了两次湖面测高实验(见图 5-1)。实验采用 Trimble R8 测量型接收机，能够接收 GPS 和 GLONASS 信号，本书只使用 GPS 信号。实验观测条件较好，视野开阔无遮挡，可以较好地接收来自湖面的反射信号。DOY125 风力比 DOY133 要大，但总体而言，两次实验湖面波浪起伏比较平缓，约为数厘米。实验观测时长设置为 4 h，湖面水位在 4 h 之内可以认为是不变的。DOY125、DOY133 采样间隔分别为 10 s、1 s，垂直反射距离通过钢卷尺多次测量分别为 2.26 m、5.89 m。

5.2.2.2　数据处理

虽然只有两天的观测数据，但因为两天的湖面均较平静，可以较好地反应

(a)   (b)

图 5-1 实验观测环境

GPS-IR 水面测高精度和比较 Lomb-Scargle 频谱分析法和信赖域法。数据处理按图 5-2 所示流程进行。

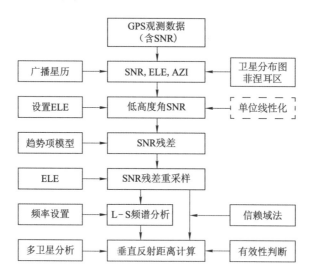

图 5-2 湖面高度反演流程

采用高度角在 $10°\sim25°$ 范围内 L2 载波 SNR,单位线性化是指 SNR 单位由指数变化 dB-Hz 转换为 $V\cdot V^{-1}$,用二阶多项式进行信噪比分离,SNR 残差重采样是将其随观测历元变化转换为随高度角正弦变化。

5.2.2.3　Lomb-Scargle 结果分析

表 5-1 给出了信噪比单位线性化后的 L-S 谱分析的参数估计结果。

表 5-1　L-S 谱分析结果

卫星编号	DOY125		卫星编号	DOY133	
	f	h/m		f	h/m
PRN12	19.9	2.431	PRN2	61.9	7.567
PRN21	19.5	2.385	PRN5	48.5	5.921
PRN22	18.8	2.293	PRN12	61.9	7.555
PRN27	25.5	3.108	PRN15	48.6	5.933
PRN29	19.9	2.426	PRN26	48.2	5.886
PRN31	19.8	2.418	PRN27	48.1	5.876

由表 5-1 可知,DOY125 的 PRN27 卫星的最大频率值 25.5 和实际频率值 18.5(由参考值计算)相差较大,说明 PRN27 卫星观测值中含有大噪声的异常观测值,造成频率泄露;其他卫星的最大频率 f 和实际频率值相差较小,卫星观测值正常;DOY133 的 PRN2、PRN12 卫星的最大频率值 61.9 和实际频率值 48.2(由参考值计算)相差较大,说明含有异常观测值,其他卫星观测值正常。说明 L-S 谱分析法受异常观测值的影响较大。

剔除异常观测值,各卫星计算的垂直反射距离与参考值比较吻合。DOY125 的最大、最小偏差分别为 17.1 cm、3.3 cm,均值为 2.391 m,与参考值偏差为 13.1 cm,标准差为 5.7 cm,均方根误差为 14.0 cm;DOY133 的最大、最小偏差分别为 4.3 cm、0.4 cm,均值为 5.904 m,与参考值偏差为 1.4 cm,标准差为 2.7 cm,均方根误差为 2.7 cm。限于篇幅,只给出部分卫星的 L2 载波功率谱图,如图 5-3 所示。

5.2.2.4　信赖域法结果分析

（1）原始单位信噪比

表 5-2、表 5-3 给出了原始单位信赖域法的参数估计结果。

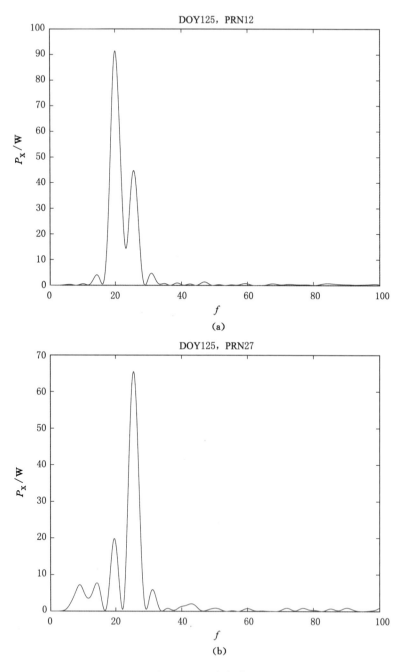

图 5-3　L-S 功率谱

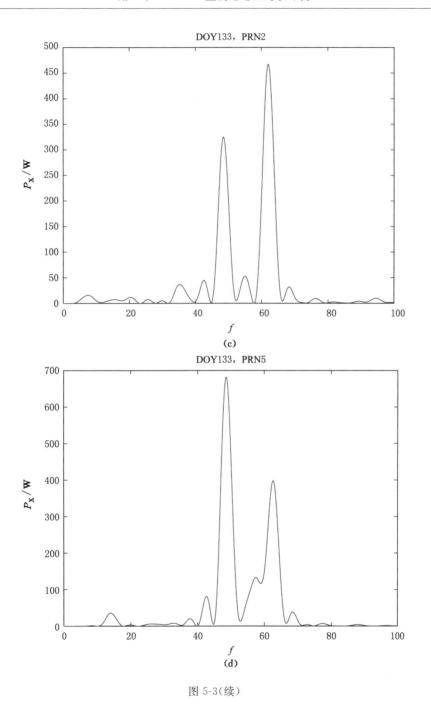

图 5-3(续)

表 5-2　原始单位信噪比信赖域法估计结果(DOY125)

卫星编号	历元数	A/dB-Hz	$\varphi/(°)$	h/m
PRN12	294	1.715	−164.030	2.425
PRN21	234	1.201	−140.156	2.385
PRN22	287	1.214	−412.369	2.285
PRN27	255	1.303	−193.741	3.119
PRN29	278	1.242	−157.403	2.423
PRN31	242	1.095	−155.847	2.414

表 5-3　原始单位信噪比信赖域法估计结果(DOY133)

卫星编号	历元数	A/dB-Hz	$\varphi/(°)$	h/m
PRN2	2 284	1.005	−183.946	5.916
PRN5	3 522	0.936	−174.34	5.937
PRN12	2 934	0.850	−190.417	5.945
PRN15	3 553	0.945	−175.897	5.943
PRN26	2 569	1.173	−129.142	5.890
PRN27	2 545	1.045	−136.922	5.884

由表 5-2、表 5-3 可知,DOY125 的 PRN27 卫星垂直反射距离与参考值偏差较大,为 43.9 cm,存在异常观测值。而 DOY133 的估计结果无异常。

剔除异常观测值,DOY125 的最大、最小偏差分别为 16.5 cm、2.5 cm,均值为 2.386 m,与参考值偏差为 12.6 cm,标准差为 5.9 cm,均方根误差为 13.7 cm;DOY133 的最大、最小偏差分别为 5.5 cm、0.0 cm,均值为 5.919 m,与参考值偏差为 2.9 cm,标准差为 2.7 cm,均方根误差为 3.8 cm。限于篇幅,只给出部分卫星的 L2 载波 dSNR 序列及其拟合结果,如图 5-4 所示。

由图 5-4 可知,dSNR 序列具有明显的余弦曲线特性,且拟合结果更加明显地反映了这一特性。

(2) 单位线性化信噪比

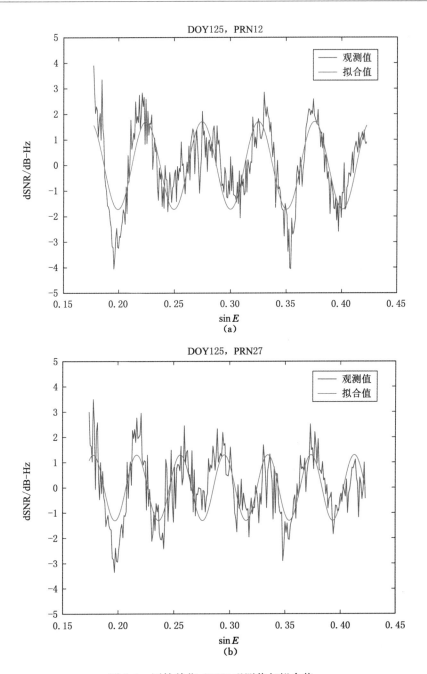

图 5-4　原始单位 dSNR 观测值与拟合值

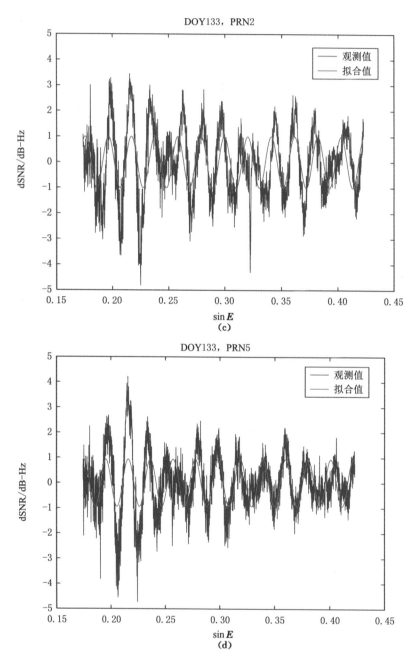

图 5-4(续)

表 5-4、表 5-5 给出了采用信噪比单位线性化后的信赖域法参数估计结果。

表 5-4　单位线性化信噪比信赖域法估计结果（DOY125）

卫星编号	历元数	$A/(V \cdot V^{-1})$	$\varphi/(°)$	h/m
PRN12	294	4.722	−170.524	2.432
PRN21	234	2.372	−140.071	2.385
PRN22	287	3.159	−61.046	2.293
PRN27	255	2.935	−184.624	3.108
PRN29	278	4.133	−159.07	2.426
PRN31	242	3.813	−159.824	2.418

表 5-5　单位线性化信噪比信赖域法估计结果（DOY133）

卫星编号	历元数	$A/(V \cdot V^{-1})$	$\varphi/(°)$	h/m
PRN2	2284	3.059	−170.661	5.900
PRN5	3522	3.180	−161.041	5.921
PRN12	2934	3.305	−110.312	7.555
PRN15	3553	3.425	−166.561	5.933
PRN26	2569	3.233	−125.672	5.886
PRN27	2545	2.349	−129.525	5.876

由表 5-4、表 5-5 可知，DOY125 的 PRN27 卫星和 DOY133 的 PRN12 卫星垂直反射距离与参考值偏差较大，分别为 42.8 cm、166.5 cm，存在异常观测值。PRN12 卫星观测值异常的原因是信噪比单位线性化可能会改变信噪比的形态，使得参数估计结果出现异常。

剔除异常观测值，DOY125 的最大、最小偏差分别为 17.2 cm、3.3 cm，均值为 2.391 m，与参考值偏差为 14.1 cm，标准差为 5.8 cm，均方根误差为 12.8 cm；DOY133 的最大、最小偏差分别为 4.3 cm、0.4 cm，均值为 5.903 m，与参考值偏差为 1.3 cm，标准差为 2.4 cm，均方根误差为 2.3 cm。限于篇幅，只给出部分卫星的 L2 载波 dSNR 序列及其拟合结果，如图 5-5 所示。

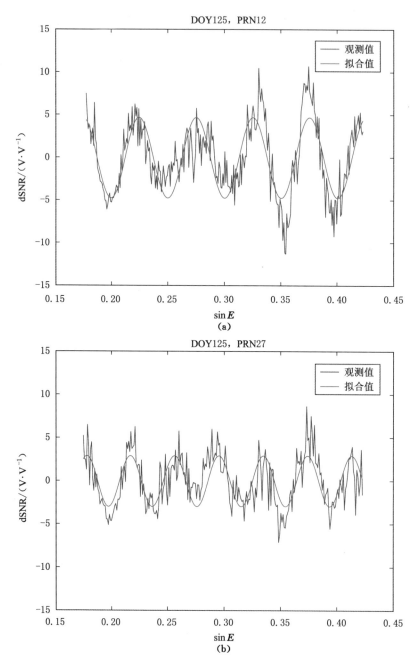

图 5-5　单位线性化 dSNR 观测值与拟合值

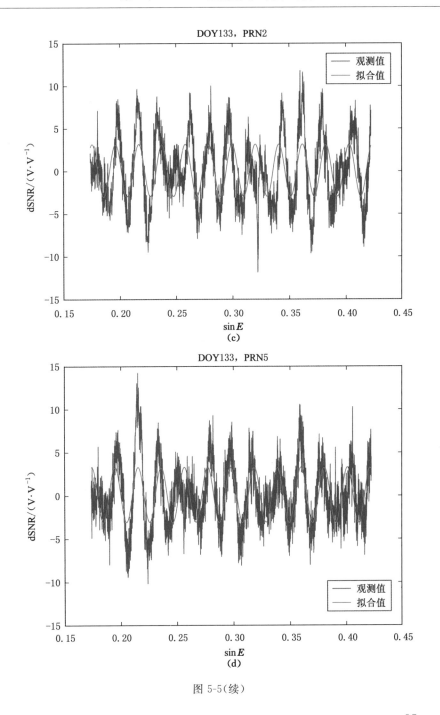

图 5-5(续)

由图 5-5 可知,dSNR 序列具有明显的余弦曲线特性,且拟合结果更加明显地反映了这一特性。

综合上述结果可知,DOY125 观测结果较 DOY133 差,其原因是实验过程中 DOY125 风力比 DOY133 大,使得湖面波浪起伏较明显。但总体而言,两次实验湖面的波浪起伏相对较小,可以较准确地反映 GPS-IR 技术测量湖面高度的精确度。信赖域法抗异常观测值的能力比 L-S 谱分析法强。估计结果偏差是由接收机 SNR 精度、观测噪声、湖面波动以及模型解算效果等因素综合引起的。另外,不同卫星测高精度和观测时长没有必然的联系。

5.3 利用 GPS-IR 测量土壤含水量

第 1 章和第 4 章已对 GPS-IR 技术测量土壤含水量的原理和应用情况进行了介绍。反射信号相位与土壤含水量间存在较强的线性相关。反射信号振幅、相位等参数是利用式(4-22)进行估计,先利用 L-S 谱分析法找出功率最大值对应的频率作为 f 的估值,再将式(4-22)线性化后用最小二乘法估计 A、φ[63,65]。f 的估计误差会导致观测方程系数矩阵出现误差,最小二乘法估计反射信号参数未考虑观测方程系数矩阵的误差,提出利用总体最小二乘法进行反射信号参数估计,并研究反射信号相位与土壤含水量之间的函数关系。

总体最小二乘法思想由 Pearson[132] 于 1901 年提出,当时称为正交回归方法。随着计算数学的发展,直到 1980 年才由 Golub 等[133] 从数值分析的角度进行了整体分析,并命名为总体最小二乘法[133]。总体最小二乘法的求解思路很多,如最小范数法、SVD 分解法[134]、Lagrange 法[135]。目前,总体最小二乘法已经广泛应用于信号处理、自动控制、统计学、物理学、医学等学科领域。

5.3.1 最小二乘法估计参数

最小二乘法估计反射信号参数的计算公式为:
$$L + V = B\hat{x} \tag{5-5}$$
式中
$$B = \begin{bmatrix} \cos \omega t_1 & -\sin \omega t_1 \\ \vdots & \vdots \\ \cos \omega t_n & -\sin \omega t_n \end{bmatrix};$$
$$L = \begin{bmatrix} dSNR(t_1) & \cdots & dSNR(t_n) \end{bmatrix}^T;$$

$$x = \begin{bmatrix} A\cos\varphi & A\sin\varphi \end{bmatrix}^{\mathrm{T}}$$

其中　$\omega = 2\pi f$;

t_i——高度角正弦;

$\mathrm{dSNR}(t_i)$——信噪比残差, $i = 1, 2 \cdots, n$;

A、φ——信噪比残差的振幅和相位。

对式(5-5)进行最小二乘估计得到待定参数 x,最后计算得到振幅和相位:

$$\begin{cases} A = \sqrt{(A\sin\varphi)^2 + (A\cos\varphi)^2} \\ \varphi = \arctan\left(\dfrac{A\sin\varphi}{A\cos\varphi}\right) \end{cases} \tag{5-6}$$

5.3.2　总体最小二乘法估计参数

最小二乘法仅考虑观测值 L 的误差,而总体最小二乘法除了考虑观测值误差,还顾及了系数矩阵 B 的误差。此时参数 ξ 估计的观测方程为:

$$L + V_L = (B + V_B)\xi \tag{5-7}$$

通过观测值误差 V_L 与系数矩阵误差 V_B 对 L 和 B 中存在的误差或噪声进行补偿,从而实现有误差的矩阵方程求解。

设观测值误差和系数矩阵误差服从如下分布:

$$\begin{bmatrix} V_L \\ \mathrm{vec}(V_B) \end{bmatrix} \sim N\left(\begin{bmatrix} 0 \\ 0 \end{bmatrix}, \sigma_0^2 \begin{bmatrix} Q_L & 0 \\ 0 & Q_B \end{bmatrix} \right) \tag{5-8}$$

式中　$vec(\cdot)$——矩阵的拉直变换;

V_L、$\mathrm{vec}(V_B)$——观测值和系数矩阵的误差向量;

Q_L、Q_B——对称阵,Q_L 为观测值的协因数阵,$Q_L = P_L^{-1}$,系数矩阵的协
因数阵 Q_B 可以用行矩阵和列矩阵表示:

$$Q_B = Q_0 \otimes Q_\xi \tag{5-9}$$

其中,$Q_0 = P_0^{-1}$,$Q_\xi = P_\xi^{-1}$。

总体最小二乘估计准则为:

$$V_L^{\mathrm{T}} P_L V_L + v_B^{\mathrm{T}}(P_0 \otimes P_\xi) v_B = \min \tag{5-10}$$

式中 $v_B = \mathrm{vec}(V_B)$。

本书仅介绍常用的 Lagrange 求解法,首先构造 Lagrange 目标函数:

$$\begin{aligned} \Phi(V_L, v_B, \lambda, \xi) = {} & V_L^{\mathrm{T}} P_L V_L + v_B^{\mathrm{T}}(P_0 \otimes P_\xi) v_B + \\ & 2\lambda^{\mathrm{T}}(L + V_L - B\xi - (X_0^{\mathrm{T}} \otimes I_n) v_B) \end{aligned} \tag{5-11}$$

式中,λ 为 Lagrange 乘数子列向量。迭代计算步骤如下:

(1) 计算迭代初始值：

$$\begin{cases} c^{(0)} = 0 \\ \boldsymbol{\xi}^{(0)} = \boldsymbol{N}^{-1}\boldsymbol{W}, \ [\boldsymbol{N}, \boldsymbol{W}] = \boldsymbol{B}^{\mathrm{T}}\boldsymbol{P}_L^{(0)}[\boldsymbol{B}, \boldsymbol{L}] \\ \boldsymbol{\eta}^{(0)} = [\boldsymbol{Q}_L^{(0)} + (\boldsymbol{\xi}^{(0)\mathrm{T}}\boldsymbol{Q}_0\boldsymbol{\xi}^{(0)}) \otimes \boldsymbol{Q}_\xi^{(0)}]^{-1} \\ \boldsymbol{\xi}^{(1)} = \{\boldsymbol{B}^{\mathrm{T}}\boldsymbol{\eta}^{(0)}\boldsymbol{B} - c^{(0)}\boldsymbol{Q}_0\}^{-1}\boldsymbol{B}^{\mathrm{T}}\boldsymbol{\eta}^{(0)}\boldsymbol{L} \end{cases} \tag{5-12}$$

(2) 迭代更新相关值：

$$\begin{cases} \boldsymbol{\eta}^{(i)} = [\boldsymbol{Q}_L^{(i)} + (\boldsymbol{\xi}^{(i)\mathrm{T}}\boldsymbol{Q}_0\boldsymbol{\xi}^{(i)}) \otimes \boldsymbol{Q}_\xi^{(i)}]^{-1} \\ \boldsymbol{\lambda}^{(i)} = \boldsymbol{\eta}^{(i)}(\boldsymbol{L} - \boldsymbol{B}\boldsymbol{\xi}^{(i)}) \\ c^{(i)} = \boldsymbol{\lambda}^{(i)\mathrm{T}}\boldsymbol{Q}_\xi^{(i)}\boldsymbol{\lambda}^{(i)} \end{cases} \tag{5-13}$$

(3) 计算 $\boldsymbol{\xi}^{(i+1)}$：

$$\boldsymbol{\xi}^{(i+1)} = \{\boldsymbol{B}^{\mathrm{T}}\boldsymbol{\eta}^{(i)}\boldsymbol{B} - c^{(i)}\boldsymbol{Q}_0\}^{-1}\boldsymbol{B}^{\mathrm{T}}\boldsymbol{\eta}^{(i)}\boldsymbol{L} \tag{5-14}$$

(4) 重复步骤（2）～（3），直到 $\|\boldsymbol{\xi}^{(i+1)} - \boldsymbol{\xi}^{(i)}\|_2 < \varepsilon_{限}$（$\varepsilon_{限}$ 为阈值）结束迭代。

此时，单位权中误差估值 $\hat{\sigma}_0$ 为：

$$\hat{\sigma}_0 = \sqrt{\frac{\boldsymbol{\lambda}^{\mathrm{T}}(\boldsymbol{L} - \boldsymbol{B}\hat{\boldsymbol{\xi}})}{n - m}} \tag{5-15}$$

5.3.3 实验分析

5.3.3.1 数据来源

实验使用的 GPS 数据来源于美国板块边界观测计划 P041 站，该站接收机为 Trimble NETRS，天线类型为 TRM29659.00，数据采样间隔为 15 s。土壤含水量（Volumetric Water Content, VWC）数据由埋设于该站附近的 5 个坎贝尔（Campbell Scientific）616 型探针观测值取平均得到，探针埋深为 2.5 cm，采样间隔为 30 min。降雨量数据由 Vaisala WXT520 气象传感器观测得到。

5.3.3.2 数据分析

实验选取 P041 站 DOY71～140 期间降雨量与土壤含水量数据，其关系如图 5-6 所示。该时段内有明显的降水，中到大雨（降雨量 10～50 mm）天数5 天，分别为 DOY104、DOY131、DOY132、DOY138、DOY139，其中 DOY139降雨量为 26.7 mm，DOY131 降雨量为 21.6 mm，DOY104 降雨量为 14.8 mm。降雨发生后，土壤含水量明显上升，如对应于 DOY131 的降水，土壤含水量由 7.44% 上升至 30.52%。

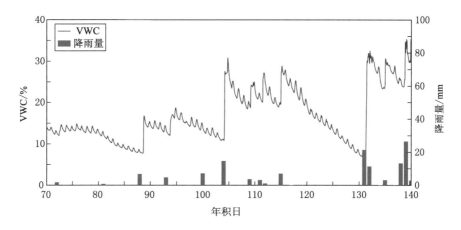

图 5-6　土壤含水量与降雨量

5.3.3.3　数据处理

数据处理按图 5-7 所示流程进行。

采用高度角在 $5°\sim20°$ 范围内 L2 载波 SNR,单位线性化是指 SNR 单位由指数变化 dB-Hz 转换为 $V \cdot V^{-1}$,用 2 阶多项式进行信噪比分离,dSNR 重采样是指将其随观测历元变化转换为随高度角正弦变化。

5.3.3.4　结果分析

(1) 信噪比残差拟合分析

图 5-8 所示为最小二乘法(Least square,LS)和总体最小二乘法(Total least square,TLS)拟合 PRN3、PRN6 卫星在 DOY132 的信噪比残差。

由图 5-8 可知,最小二乘法在低峰值处拟合较好,而总体最小二乘法在高峰值处拟合较好,这是因为总体最小二乘法拟合结果考虑了系数矩阵误差的影响。由第 4 章可知,高度角越低信噪比残差越大,GPS-IR 使用低高度角时的信噪比残差,因此总体最小二乘法拟合结果更符合实际情况。

(2) 土壤含水量与相位相关性分析

土壤含水量的变化会引起反射信号参数的变化。Larson[63] 和 Chew[65] 的研究表明,反射信号相位比振幅和反射高度对土壤含水量的变化更为敏感,因此将相位作为反演参数。图 5-9 给出了 PRN3、PRN6 卫星的反射信号相位与土壤含水量的变化趋势。

由图 5-9 可知,DOY104～116 和 DOY131～140 期间均有连续降雨,此两时段内相位与土壤含水量的吻合度较差,其他时段吻合度较好。对于 PRN3

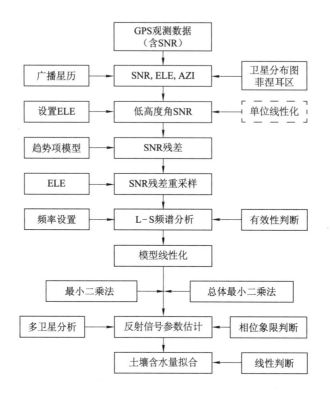

图 5-7　土壤含水量反演流程

卫星,最小二乘法和总体最小二乘法的相位与土壤含水量 Pearson 线性相关系数分别为 0.55 和 0.62($p<0.05$);对于 PRN6 卫星,两种方法的相关系数分别为 0.50 和 0.59($p<0.05$)。表明总体最小二乘法优于最小二乘法,这是因为总体最小二乘法拟合结果考虑了系数矩阵误差的影响。相位与土壤含水量的相关性并不很强,这是由于所用数据受到植被、连续降雨等因素的影响。

（3）土壤含水量与相位的函数关系

图 5-10 给出了 DOY71～140 期间相位与土壤含水量的线性(形如 $y = ax + b$)拟合结果,图中虚线为 95% 置信区间,两者服从线性关系。图中有少量点越过了置信带,图 5-10(a)、图 5-10(b)中均有 5 个点位于置信区间外,其中 2 个点位于 DOY104～116 连续降雨期间,3 个点位于 DOY131～140 连续降雨期间;图 5-10(c)、图 5-10(d)中均有 3 个点位于置信区间外,其中 2 个点位于 DOY131～140 连续降雨期间。

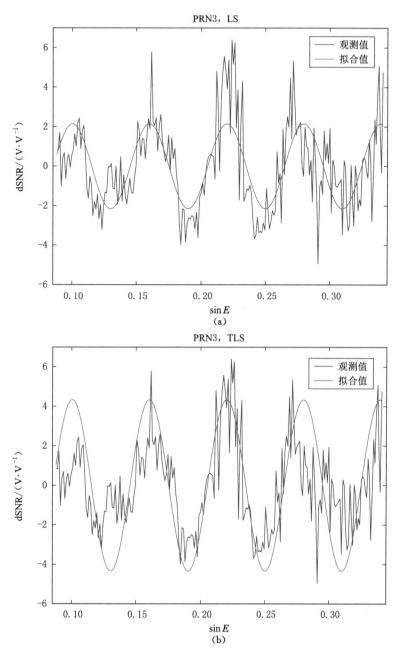

图 5-8　反射信号参数估计

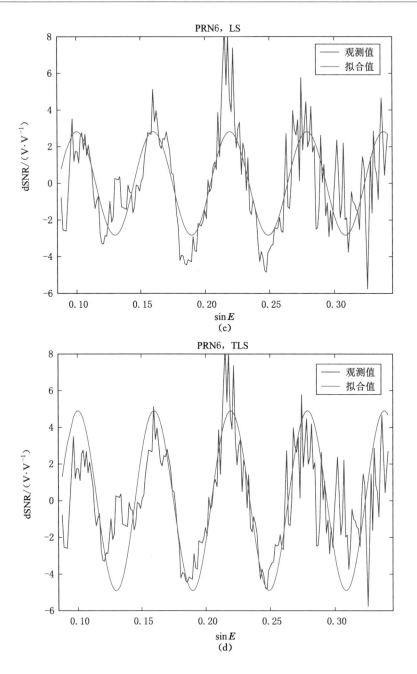

图 5-8(续)

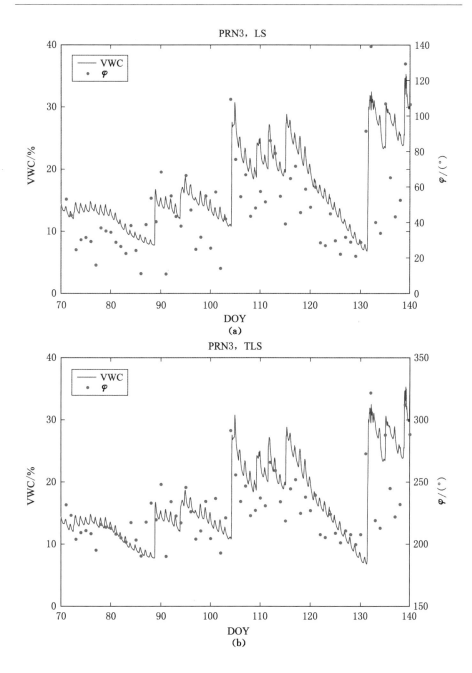

图 5-9　土壤含水量与相位

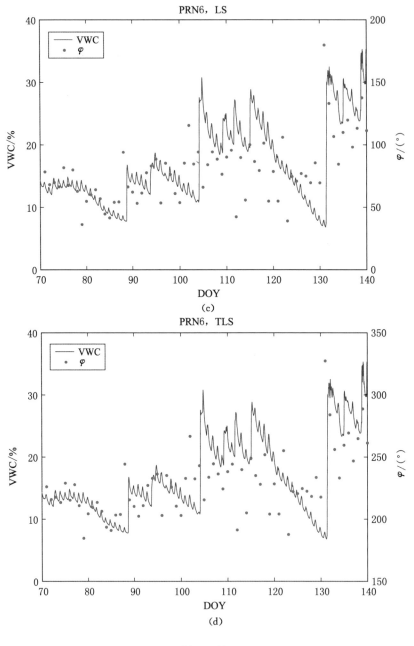

图 5-9（续）

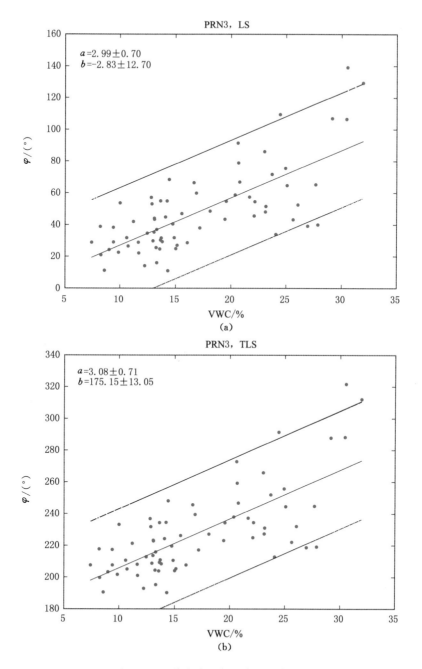

图 5-10　土壤含水量与相位的拟合模型

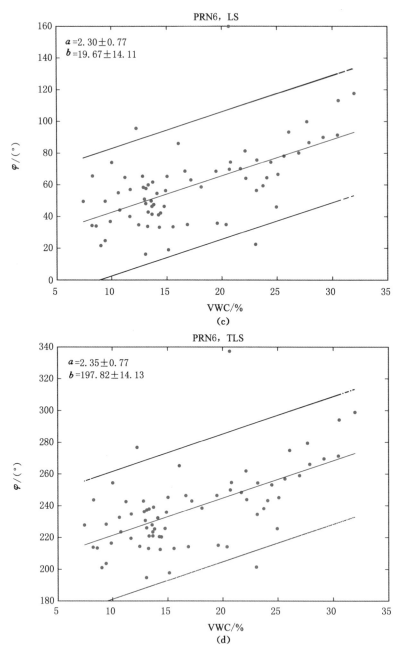

图 5-10(续)

　　总体最小二乘法顾及了模型系数矩阵误差,但反演土壤含水量仍然存在众多未知的影响因素,如反射土壤表面覆盖植被、GPS 卫星实际反射点位置偏差等,使得实际模型与假定模型误差分布存在一定的偏差,部分情形下,总体最小二乘模型效果并不佳。

5.4　本章小结

　　本章研究了 GPS-IR 技术测量湖面高度和土壤含水量。在湖面高度测量中,提出了利用信赖域法进行反射信号参数解算,当反射信号信噪比中含有异常观测值时,基于稳健非线性最小二乘估计的信赖域法在一定程度上能够减弱异常观测值的影响。考虑信噪比单位线性化可能会改变信噪比的形态,建议信赖域法估计反射信号参数时使用原始单位信噪比。

　　在土壤含水量测量中,考虑到最小二乘法估计反射信号参数未顾及观测方程系数矩阵的误差,提出了利用总体最小二乘法进行反射信号参数解算。总体最小二乘法提供了一种解决这类未知误差的思路,但要进一步提高反演的稳定性和准确性,需要从机理上分析误差的来源和分布,完善反演模型,使模型与真实的误差分布相吻合。反射信号相位与土壤含水量间存在较强的相关性,两者符合线性关系,但在连续降雨条件下会存在较大误差。

　　高质量的信噪比观测值是实现高精度湖面高度和土壤含水量测量的重要前提。

第6章　镜面反射点位置与反射区域估计

6.1　概述

　　GPS-R 和 GPS-IR 技术是一种新型的卫星遥感技术,可用于海面的高度、风速、粗糙度、有效波高,海冰厚度,海水盐度,植被高度,土壤含水量,积雪厚度及地形测量等方面[14,115-116,136-137]。为表示上述测量结果所对应的地点,需要知道 GPS-R 镜面反射点的位置信息;另外,在高度测量中,镜面反射点的位置信息被用于延迟波上升沿的精确建模,它也被用作信号搜索和捕获时确定多普勒频移和近似码相位偏移的参考中心[136],也可用其辨识哪些是需要的反射信号。因此,镜面反射点位置准确确定是 GPS-R 和 GPS-IR 技术应用的重点工作。

　　GPS 测量得到的坐标是 WGS-84 坐标系,镜面反射点也位于 WGS-84 坐标系下。而我国常用的是 1954 北京坐标系、1980 西安坐标系和 2000 国家大地坐标系,有的地方还采用独立坐标系,可以通过平面或空间坐标转换模型得到镜面反射点在 1954 北京坐标系、1980 西安大地坐标系、2000 国家大地坐标系或地方独立坐标系下的坐标[29,138-140]。

　　在实际应用中,GPS 定位不仅需要进行不同表达形式之间坐标值的转换[29,105,141],还需进行表达形式之间的误差传播[105,108-109,142-143]。

6.2　镜面反射点位置估计

　　迄今已有的镜面反射点位置估计算法有 Wu 算法[144]、Wagner 算法[145-146]、Gleason 算法[136]、二分法算法[147]。Wu 算法的位置估计分两步进行,第一步以圆球面为反射面,求出镜面反射点的概略位置,第二步将镜面反射点从圆球面校正到椭球面上,但因两者间无明确的几何关系,其校正结果并不准确；Wagner 算法通过极球面三角关系得到镜面反射点在圆球面上的大地坐标，转换过程涉及大地测量主题解算问题，其计算非常复杂；Gleason 算法基于向量共线方法实现镜面反射点在圆球面上的位置估计，且收敛速度受比例因子的影响较大；二分法算法利用二分法方法迭代求解镜面反射点在圆球面上的位置，但实际的反射面不是圆球面，而是地面、海面等。目前四种算法均无法实现镜面反射点在实际反射面上的位置估计，估计结果与实际偏差较大，且计算效率低，在实用中降低了算法的使用价值。

由于上述四种算法估计时首先假设镜面反射点法线矢量与地球径向方向一致，即认为地球是圆球，而实际地球近似为椭球[29,105,138,148]。基于地球椭球面法线并顾及 GPS-R 几何关系，直接得到满足 Snell 反射定律的位于实际反射面上的镜面反射点。

对于地基 GPS 接收机的情形，GPS 卫星在镜面反射点和 GPS 接收机处的高度角可视为相等[115,149]，并基于测量中站心坐标得到无须迭代计算，且满足 Snell 反射定律的位于实际反射面上的镜面反射点。最后通过理论和实验证明了本书所提两种新算法的正确性、高效性和实用性。

6.2.1 GPS-R 几何关系

如图 6-1 所示，GPS 卫星、GPS 接收机和镜面反射点的位置分别用 T、R 和 S 表示；GPS 卫星和接收机的法线在反射面和椭球面上的交点分别为 C、C' 和 D、D'；镜面反射点的法线与线段 RT 及椭球面的交点分别为 M 和 S'，假定反射面在 S 点处的切平面与椭球面在 S' 点处的切平面平行[29,105,138,148]，即两点相对于两面的法线重合；H_T、H_R 和 H_S 分别表示 GPS 卫星、GPS 接收机和镜面反射点到椭球面的大地高；α_T 表示 GPS 卫星、M 点与镜面反射点连线之间的夹角（入射角），α_R 表示 GPS 接收机、M 点与镜面反射点连线之间的夹角（反射角）；β_R 表示 GPS 卫星、镜面反射点与 GPS 接收机连线之间的夹角；γ 表示 GPS 接收机、镜面反射点与 M 点连线之间的夹角。其几何关系为：

$$\alpha_R = \arccos\left(\frac{SR^2 + SM^2 - RM^2}{2SR \cdot SM}\right) \quad (6\text{-}1)$$

$$\alpha_T = \arccos\left(\frac{ST^2 + SM^2 - MT^2}{2ST \cdot SM}\right) \quad (6\text{-}2)$$

$$\beta_R = \arccos\left(\frac{SR^2 + RM^2 - SM^2}{2SR \cdot RM}\right) \quad (6\text{-}3)$$

$$\gamma = \pi - \alpha_R - \beta_R \quad (6\text{-}4)$$

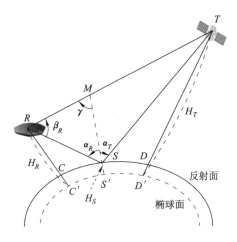

图 6-1　GPS-R 几何关系

$$RM = \frac{\sin \alpha_R}{\sin \gamma} SR \qquad (6\text{-}5)$$

6.2.2　椭球面算法

在 WGS-84 坐标系下,已知 GPS 卫星、GPS 接收机的空间直角坐标分别为 (X_T, Y_T, Z_T) 和 (X_R, Y_R, Z_R),其大地坐标分别为 (B_T, L_T, H_T) 和 (B_R, L_R, H_R),两种坐标形式之间的转换参见文献[29,105,138,148]。在 $\triangle SRT$ 中,根据平面三角形角平分线定理,得:

$$\frac{RM}{MT} = \frac{SR}{ST} \qquad (6\text{-}6)$$

根据三角形相似性,式(6-6)可改写为:

$$\frac{RM}{RT} = \frac{SR}{SR + ST} = \frac{H'_R}{H'_R + H'_T} \qquad (6\text{-}7)$$

式中,$H'_R = H_R - H_C$,$H'_T = H_T - H_D$,其中 H_C、H_D 分别为点 C、D 的大地高,实用中,可近似等于 H_S。

由 R、M、T 三点共线,利用有向线段的定比分点公式,得 M 点的空间直角坐标为:

$$
\begin{cases}
X_M = X_R + \dfrac{RM}{RT}(X_T - X_R) \\[2mm]
Y_M = Y_R + \dfrac{RM}{RT}(Y_T - Y_R) \\[2mm]
Z_M = Z_R + \dfrac{RM}{RT}(Z_T - Z_R)
\end{cases}
\tag{6-8}
$$

由于 M 点与镜面反射点 S 共法线，可得 S 点的大地纬度和大地经度为：

$$
\begin{cases}
B_S = B_M \\
L_S = L_M
\end{cases}
\tag{6-9}
$$

椭球面算法估计镜面反射点位置的具体步骤为：

（1）初始值的计算

① M 点的初始位置计算。利用式（6-7）、（6-8）联合求出 M 点的位置 (X_M, Y_M, Z_M)，进而得到 M 点的大地坐标 (B_M, L_M, H_M)；

② S 点的初始位置计算。由第①步及式（6-9），可得镜面反射点 S 的初始大地坐标 (B_S, L_S, H_S)，进而得到其空间直角坐标 (X_S, Y_S, Z_S)；

③ 反射角和入射角初值计算。在 $\triangle SRM$ 和 $\triangle SMT$ 中，利用式（6-1）、（6-2）分别算得 α_R、α_T。由 Snell 反射定律可知，反射角等于入射角，而初始的 α_R、α_T 一般不相等。因此，需要进行迭代计算，直至两角相等。

（2）按以下公式进行加权重新估计 α_R 和 α_T

$$
\alpha_R = \alpha_T = \frac{H'_R \alpha_R + H'_T \alpha_T}{H'_R + H'_T}
\tag{6-10}
$$

（3）重新估计 M 点的位置。在 $\triangle SRM$ 中，由式（6-3）、（6-4）、（6-5）求得 RM，再根据式（6-8）计算 M 点的位置。

（4）重新估计 S 点的位置。方法同步骤（1）中第②步。

（5）重新计算 α_R 和 α_T。方法同步骤（1）中第③步。最后，判断 α_R 与 α_T 之差是否小于阈值（通常阈值设为 $0.1''$）。若 α_R 与 α_T 之差小于阈值，则退出迭代计算；否则重复步骤（2）～（5）。

6.2.3 平面算法

根据文献[105,138,148]中站心坐标系的建立方法，以 GPS 接收机 R 为原点，R 点的椭球面法线为 z 轴（指向天顶方向为正），x 轴是过原点的大地子午面和包含原点且和 z 轴垂直的平面的交线（指向北方向为正），y 轴与 x 轴、z 轴垂直，构成左手坐标系，建立如图 6-2 所示站心坐标系。根据文献[150]，地球曲率在小范围内影响可不考虑，此时可认为在该区域内 x-y 平面与地平面(反射面)平行。

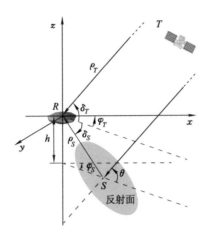

图 6-2　站心坐标系下 GPS-R 几何关系

已知 R 点的大地纬度 B_R 和大地经度 L_R，则 GPS 卫星的站心直角坐标 (x_T, y_T, z_T) 与点 R、T 的空间直角坐标差 $(\Delta X_{RT}, \Delta Y_{RT}, \Delta Z_{RT})$ 之间的换算关系为[10-12,16-17]：

$$[x_T \quad y_T \quad z_T]^{\mathrm{T}} = K_R [\Delta X_{RT} \quad \Delta Y_{RT} \quad \Delta Z_{RT}]^{\mathrm{T}} \qquad (6\text{-}11)$$

式中　$\Delta X_{RT} = X_T - X_R$；

　　　$\Delta Y_{RT} = Y_T - Y_R$；

　　　$\Delta Z_{RT} = Z_T - Z_R$；

$$\boldsymbol{K}_R = \begin{bmatrix} -\sin B_R \cos L_R & -\sin B_R \sin L_R & \cos B_R \\ -\sin L_R & \cos L_R & 0 \\ \cos B_R \cos L_R & \cos B_R \sin L_R & \sin B_R \end{bmatrix}，为正交矩阵^{[105,109,151]}。$$

在实际应用中，还常应用站心坐标系的另一种表示形式，即站心极坐标系。由站心极坐标 $(\rho_T, \varphi_T, \delta_T)$ 与站心直角坐标 (x_T, y_T, z_T) 之间的换算关系有：

$$\begin{cases} \rho_T = \sqrt{x_T^2 + y_T^2 + z_T^2} \\ \varphi_T = \arccos(x_T / \sqrt{x_T^2 + y_T^2}) \\ \delta_T = \arcsin(z_T / \sqrt{x_T^2 + y_T^2 + z_T^2}) \end{cases} \qquad (6\text{-}12)$$

式中　ρ_T——线段 RT 的长度；

　　　φ_T——线段 RT 在 x-y 平面上投影线的大地方位角；

δ_T——GPS 卫星在接收机 R 处的高度角,地基情形下,GPS 卫星在镜面反射点处的高度角 θ 近似为 δ_T。

由站心坐标系下 GPS 接收机与镜面反射点的几何关系可知,镜面反射点 S 在以 GPS 接收机 R 为原点的站心坐标系中的极坐标为:

$$\begin{cases} \rho_S = h/\sin\theta \\ \varphi_S = \varphi_T \\ \delta_S = -\theta \end{cases} \tag{6-13}$$

式中 h——GPS 接收机到反射面的高度;

ρ_S——线段 RS 的长度;

φ_S——线段 RS 在反射面上投影线的大地方位角;

δ_S——镜面反射点 S 在 GPS 接收机 R 处的高度角。

通过站心直角坐标 (x_S, y_S, z_S) 与站心极坐标 $(\rho_S, \varphi_S, \delta_S)$ 之间的换算关系:

$$\begin{cases} x_S = \rho_S \cos\delta_S \cos\varphi_S \\ y_S = \rho_S \cos\delta_S \sin\varphi_S \\ z_S = \rho_S \sin\delta_S \end{cases} \tag{6-14}$$

点 R、S 的空间直角坐标差 $(\Delta X_{RS}, \Delta Y_{RS}, \Delta Z_{RS})$ 与镜面反射点的站心直角坐标 (x_S, y_S, z_S) 之间的换算关系为:

$$\begin{bmatrix} \Delta X_{RS} & \Delta Y_{RS} & \Delta Z_{RS} \end{bmatrix}^{\mathrm{T}} = \boldsymbol{K}_R^{-1} \begin{bmatrix} x_S & y_S & z_S \end{bmatrix}^{\mathrm{T}} \tag{6-15}$$

式中 $\Delta X_{RS} = X_S - X_R$;

$\Delta Y_{RS} = Y_S - Y_R$;

$\Delta Z_{RS} = Z_S - Z_R$;

$\boldsymbol{K}_R^{-1} = \boldsymbol{K}_R^{\mathrm{T}}$。

结合 GPS 接收机 R 的空间直角坐标 (X_R, Y_R, Z_R),可得到镜面反射点 S 在 WGS-84 坐标系中的空间直角坐标 (X_S, Y_S, Z_S)。

6.2.4 实验分析

为验证两种新算法的正确性、高效性和实用性,在静态地基、动态机载和动态星载情形下进行了实验。

6.2.4.1 静态地基情形

(1) 实验数据

GPS 接收机在 WGS-84 坐标系下的空间直角坐标为($-2\,505\,097.723$,

4 665 541.338,3 543 096.726),单位为 m;其大地高为 23.329 m,距地面高度为 2 m。实验区域地势平坦,无其他反射物,地面大地高为 21.329 m。

(2)反射点位于圆球或椭球面上

为便于比较,假定镜面反射点位于圆球面或椭球面上,即反射面与圆球面或椭球面重合。利用 Wu 算法、Gleason 算法、二分法算法计算镜面反射点在圆球面上的位置(因为此三种算法只能得到反射点在圆球面上的位置),用椭球面算法计算镜面反射点在椭球面上的位置。

① 单历元结果

取 GPS 卫星在 WGS-84 坐标系下的空间直角坐标为(−16 103 322.958,20 880 399.954,−1 046 630.154),单位为 m。结果如表 6-1 所列。

表 6-1　圆球或椭球面上镜面反射点位置

算法	X_S/m	Y_S/m	Z_S/m	迭代次数
Wu	−2 505 304.076 9	4 665 011.958 8	3 540 999.480 2	21
Gleason	−2 505 304.073 0	4 665 011.970 2	3 540 999.523 6	84
二分法	−2 505 304.077 8	4 665 011.959 4	3 540 999.478 7	31
椭球面	−2 505 101.115 4	4 665 533.118 2	3 543 063.336 4	6

由表 6-1 可知,前三种算法镜面反射点位置间偏差很小,但与椭球面算法结果差别很大;前三种算法和椭球面算法得到镜面反射点的大地高约为 −1 453.90 m,只有椭球面算法满足实际情况。

为进一步验证椭球面算法的正确性,分别以表 6-1 中 4 种算法的镜面反射点为原点建立图 6-2 所示的站心坐标系,由式(6-11)、(6-12)算得 GPS 卫星和接收机在站心坐标系中的极坐标如表 6-2、表 6-3 所列。

表 6-2　GPS 卫星的站心极坐标

算法	ρ_T/m	φ_T/(° ′ ″)	δ_T/(° ′ ″)
Wu	21 653 897.362 5	164　20　58.67	42　29　08.94
Gleason	21 653 897.365 6	164　20　58.67	42　29　08.94
二分法	21 653 897.361 2	164　20　58.67	42　29　08.94
椭球面	21 654 071.906 2	164　20　49.37	42　27　57.76

表 6-3　GPS 接收机的站心极坐标

算法	ρ_R/m	φ_R/(°　′　″)	δ_R/(°　′　″)
Wu	2 172.847 0	344　15　39.06	42　49　43.51
Gleason	2 172.802 0	344　15　39.05	42　49　43.46
二分法	2 172.848 4	344　15　39.06	42　49　43.39
椭球面	34.553 4	344　20　49.42	42　27　57.65

表 6-2、表 6-3 中 ρ_T 和 ρ_R 分别表示镜面反射点与 GPS 卫星及接收机的斜距。由表 6-3 可知,前三种算法距离相差很小,但与椭球面算法距离相差约 2 138.3 m。由 GPS 卫星和接收机位置算得 GPS 卫星在接收机处的高度角为 42°27′56.61″,在地基情形下,GPS 卫星在镜面反射点(位于圆球面或椭球面上)和接收机处的高度角可视为相等,根据 GPS 接收机的大地高和 GPS 卫星在接收机处的高度角,可算得 GPS 接收机与镜面反射点的斜距为34.553 9 m,这与表 6-3 中的椭球面算法结果一致;因镜面反射点与 GPS 卫星相距很远,受椭球面曲率影响较大,表 6-2 中的距离与由 GPS 卫星高度角算得的距离没有可比性,故不做比较。因 GPS 卫星、镜面反射点、GPS 接收机共面,即 GPS 卫星和接收机的大地方位角 φ_T、φ_R 应相差 180°,由表 6-2、表 6-3 可知,只有椭球面算法满足此要求,其他算法相差约 5′22″。另由表 6-2、表 6-3 也可知,椭球面算法得到的 GPS 卫星和接收机的高度角 δ_T、δ_R 与 GPS 卫星在接收机处的高度角 42°27′56.61″接近,而其他算法分别相差约 1′12″和 21′47″。

由表 6-1 也可知,椭球面算法迭代次数显著少于其他算法。

② 多历元结果

GPS 接收机观测了 PRN14 卫星从世界时 2016 年 1 月 1 日 6:00:00—13:00:00 的数据,计算取历元间隔为 60″,卫星位置由 IGS 精密星历插值得到。镜面反射点的平面位置(由大地坐标计算得到的高斯平面直角坐标,中央子午线经度为 117°,下同)轨迹如图 6-3 所示。

由图 6-3 可知,前三种算法每个轨迹点几乎重合,但与椭球面算法轨迹点不重合。采用前述单历元的距离和角度分析方法,得到与单历元类似的结果;前三种算法结果与 GPS 接收机距离远近和卫星高度角有关,高度角越低,距离越大,其反射点间距越大,反之亦然,当高度角最大时,距离最小。本实验最大、最小水平距离分别约为 7 954 m、527 m;本实验 PRN14 卫星的最大、最小

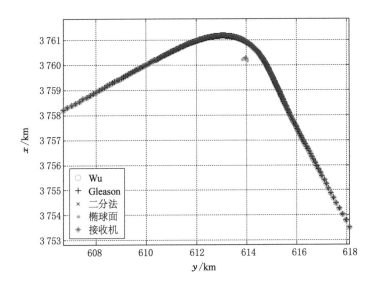

图 6-3　静态地基圆球或椭球面情形镜面反射点轨迹

高度角分别约为 $70°$、$10°$。由三角几何关系及椭球面算法算得 GPS 接收机与镜面反射点的最小、最大水平距离分别约为 8 m、132 m 和 8.317 m、126.504 m,椭球面算法满足此几何关系。更换其他 GPS 卫星,也能得到与 PRN14 卫星类似的结果。

　　前三种算法与实际值偏差较大的原因是其须满足镜面反射点的法线矢量与地球径向方向一致,即认为地球是圆球,而地球形状近似为椭球,其法线方向与地球径向方向实际不重合,而基于椭球面法线方向的椭球面算法是符合实际情况的。实验表明,椭球面算法比其余三种算法估计结果更准确。

　　椭球面算法迭代次数和计算时间显著少于其他算法,这是因为椭球面算法以法线为基准线,有效减少了计算过程中涉及的几何运算,使得迭代收敛速度更快。

　　(3) 反射点位于地球表面上

　　利用椭球面算法和平面算法计算镜面反射点位于地球表面(实际反射面)上的位置。

　　① 单历元结果

　　计算采用前述单历元数据,结果如表 6-4 所列。

表 6-4   地球表面上镜面反射点位置

算法	X_S/m	Y_S/m	Z_S/m	迭代次数
椭球面	−2 505 098.013 8	4 665 540.633 4	3 543 093.863 6	6
平面	−2 505 098.013 9	4 665 540.633 3	3 543 093.863 5	

由表 6-4 可知,两种算法计算的镜面反射点位置相同;进而算得镜面反射点的大地高均为 21.329 m,符合实际情况。采用前述地基单历元的距离和角度分析方法,也能得到符合要求的结果,且平面算法无须迭代计算就能达到椭球面算法的精度。

由表 6-1、表 6-4 中椭球面算法对应的空间直角坐标算得高斯平面直角坐标分别为(3 760 266.564,613 965.856)、(3 760 288.931,613 959.297),单位均为 m,当镜面反射点的高程相差 21.329 m 时,它对平面位置的影响较小。

② 多历元结果

计算采用上述 PRN14 卫星数据,镜面反射点的平面位置轨迹如图 6-4 所示。

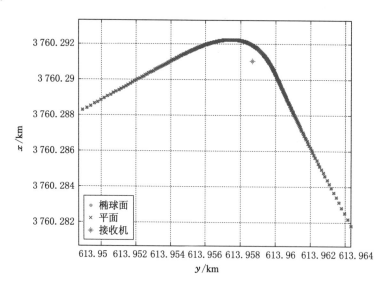

图 6-4   静态地基地球表面情形镜面反射点轨迹

由图 6-4 可知,两种算法每个轨迹点的位置几乎相同,最大差距为 0.8 mm。本实验 PRN14 卫星的最大、最小高度角分别约为 70°、10°,由三角几何关系及椭球面算法算得 GPS 接收机与镜面反射点的最小、最大水平距离分别约为 1 m、11 m 和 0.713 m、10.847 m,两种算法都满足此几何关系。更换其他 GPS 卫星,也能得到与 PRN14 卫星类似的结果,进一步验证了椭球面算法和平面算法的正确性和两种算法在地基情形下的实用性。

为分析不同 GPS 卫星产生的镜面反射点的轨迹情况,又观测了时段最长的两颗卫星数据,分别是 PRN20 卫星从世界时 2016 年 1 月 1 日 1:00:00—8:00:00、PRN31 卫星从世界时 2016 年 1 月 1 日 8:00:00—15:00:00 的数据,计算取历元间隔均为 60″,卫星位置由 IGS 精密星历插值得到。镜面反射点的平面位置轨迹如图 6-5 所示。

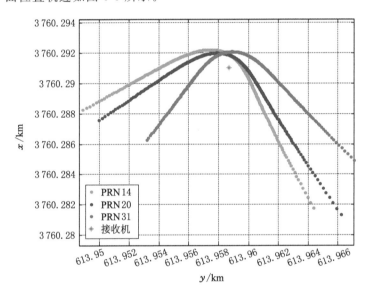

图 6-5 静态地基地球表面情形镜面反射点轨迹(3 颗卫星)

由图 6-5 可知,3 颗卫星(分布在不同轨道上)得到的镜面反射点的轨迹形状相似,轨迹点间的最大差距小于 5 m。卫星高度角越大,镜面反射点越靠近,反之亦然。

6.2.4.2 动态机载情形

将 GPS 接收机安置在无人机上,飞行高度和速度分别约为 700 m、20 m/s,共观测了 110 个历元,历元间隔为 5″,卫星位置由 IGS 精密星历插值得到。利用椭球面算法和平面算法计算镜面反射点位于地球表面(实际反射面)上的位置。镜面反射点的平面位置轨迹如图 6-6 所示。

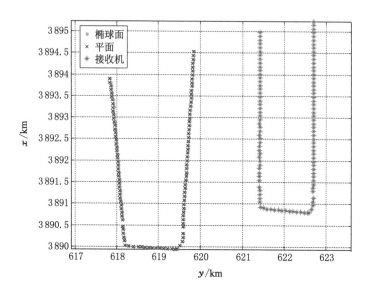

图 6-6　动态机载情形镜面反射点轨迹

由图 6-6 可知,两种算法每个轨迹点几乎重合,其最大、最小水平距离分别为 20.131 m、10.290 m。更换其他卫星,也能得到与 PRN14 卫星类似的结果,进一步验证了两种算法的正确性及其在机载情形下的实用性。

6.2.4.3　动态星载情形

将 GPS 接收机安置在低轨卫星上,飞行高度和速度分别约为 700 km、7.6km/s,共观测了 28 个历元,历元间隔为 60″,卫星位置由 IGS 精密星历插值得到。为便于比较,分别计算镜面反射点在圆球面(利用 Wu 算法、Gleason 算法、二分法算法)和椭球面(利用椭球面算法)上的位置。镜面反射点的大地经度、大地纬度位置轨迹如图 6-7 所示。

通过上述分析,可认为椭球面算法是正确的,动态机载情形的比较以椭球面算法为基准进行。由图 6-7 可知,Wu 算法和二分法算法每个轨迹点几乎重合,但与 Gleason 算法轨迹点差别很大,且前三种算法与椭球面算法轨迹点差别也很大。更换其他 GPS 卫星,也能得到类似的结果。进一步验证了前三种算法的不正确性。

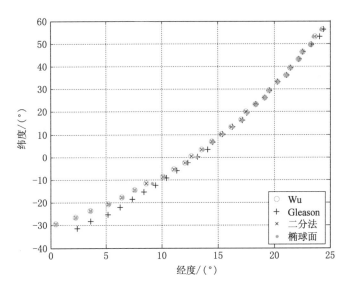

图 6-7　动态星载情形镜面反射点轨迹

6.3　有效测量区域的确定

当镜面反射点位置确定后,可据此确定反射信号的有效测量区域。

6.3.1　第一菲涅耳反射区

GPS 卫星信号是卫星通过多根螺旋形天线组成的阵列天线发射地球张角约为 30°的电磁波束,覆盖卫星的可见地面。电磁波具有波粒二象性,GPS 反射信号的覆盖范围可近似用第一菲涅耳反射区来表示,该区是 GPS 接收机接收反射信号能量的主要贡献区域,其形状是由长半径 a 和短半径 b 定义的椭圆[10,63]。

$$\begin{cases} a = \dfrac{\sqrt{\lambda h \sin \theta}}{\sin^2 \theta} \\ b = \dfrac{\sqrt{\lambda h \sin \theta}}{\sin \theta} \end{cases} \qquad (6\text{-}16)$$

式中　λ——载波波长,m;

　　　h、θ 的含义同前。

椭圆的中心为镜面反射点。椭圆的长轴为 GPS 卫星、镜面反射点、GPS 接收机所在平面与反射面的交线,其方向由卫星的方位角决定,例如,当卫星在接收机正东边,此时椭圆长轴的方向为东西走向,如果卫星在正天顶位置,此时反射区域为圆形。实际应用中,载波波长为定值,接收机到反射面的高度一般变化较小,椭圆的形状、大小由卫星高度角决定,卫星高度角越小,椭圆越扁长。当反射物表面是光滑平面,且反射物是介质时,GPS 反射信号的覆盖范围才是第一菲涅耳反射区,否则实际的反射区比第一菲涅耳反射区略大。

6.3.2 静态地基情形

假设反射区域地势平坦。采用 L2 载波波长,设置接收机到反射面的高度为 2 m,第一菲涅耳反射区如图 6-8 所示。镜面反射点的坐标由接收机坐标、接收机与镜面反射点的水平距离、长轴的坐标方位角 α 并结合坐标正算公式算得,水平距离由接收机到反射面的高度、卫星高度角并结合三角几何关系算得。

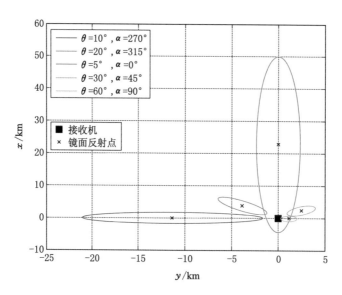

图 6-8　第一菲涅耳反射区

由图 6-8 可知,反射信号的覆盖范围是在以接收机为中心的有界区域内。卫星高度角变大,反射区域变小且越靠近接收机。当卫星高度角为 5°时,算得椭圆的长短半径分别为 27.161 m、2.367 m,接收机与镜面反射点的水平距离为 22.860 m,接收机与椭圆长轴两端点的水平距离分别为 50.021 m、4.301 m。利用地基 GPS 反射信号技术监测土壤含水量、雪深、植被生长情况时,通常采用 L2 载波信号,接收机到反射面的高度一般为 1～2 m,通常设置卫星截止高度角为 5°,因 GPS 卫星的位置在不断变化,从而反射信号的最大覆盖范围是在以接收机为圆心、半径为 50.021 m 的圆形区域内。在该区域内的反射信号才是有效的,同时可以避免非土壤、雪、植被反射物的存在。

6.3.3　非静态地基情形

当接收机处于运动状态,有效测量区域和接收机的运行轨迹有关,需要根据接收机轨迹和第一菲涅耳反射区情况综合进行判断。

6.4　镜面反射点坐标转换

对平面四参数坐标转换模型进行改进,分析七参数坐标转换模型的适用性。

6.4.1　平面四参数坐标转换模型的改进

对法方程病态时最小二乘解挠动较大的问题,我国学者进行了大量研究[152-155]。在坐标转换方面,文献[140,156-162]证明布尔沙七参数模型在小区域(100 km×100 km 范围内)应用时,平移参数与旋转及尺度变化参数之间是强相关的,导致解算模型病态;文献[163]对多项式拟合模型病态性问题进行研究。在坐标转换中,判断法方程系数矩阵是否病态的方法有很多,但具体病态到什么程度,没有一个严格的界限,也没有一种判别和处理病态的绝对有效方法。目前,坐标转换中最常用的模型是平面四参数模型(也称平面相似变换模型),但对其病态问题的研究较少。在判定平面四参数模型法方程系数矩阵病态的基础上,采用中心化与缩小系数法相结合,来改善法方程系数矩阵的病态性,获得稳定可靠的转换参数。

6.4.1.1　经典平面四参数模型

平面四参数模型用于点在不同的平面直角坐标系间的转换,假设有两个分别位于不同基准的平面直角坐标系 $O_1\text{-}x_1y_1$ 和 $O_2\text{-}x_2y_2$,将 $O_1\text{-}x_1y_1$ 下坐标转换为 $O_2\text{-}x_2y_2$ 下坐标的模型如下[138]:

$$\begin{cases} x_2 = x_0 + x_1 m\cos\alpha - y_1 m\sin\alpha \\ y_2 = y_0 + x_1 m\sin\alpha + y_1 m\cos\alpha \end{cases} \qquad (6\text{-}17)$$

式中　x_1、y_1 和 x_2、y_2——某点分别在 $O_1\text{-}x_1y_1$ 和 $O_2\text{-}x_2y_2$ 下的平面直角
　　　　　　坐标；

　　　　α——旋转参数(x_1 轴相对于 x_2 轴的坐标方位角)；

　　　　m——尺度参数；

　　　　x_0、y_0——两个平移参数(原点 O_1 在 $O_2\text{-}x_2y_2$ 中的坐标)。

公共点在两个坐标系的坐标之差为：

$$\begin{cases} \Delta x = x_2 - x_1 = x_0 + x_1 m\cos\alpha - y_1 m\sin\alpha - x_1 \\ \Delta y = y_2 - y_1 = y_0 + x_1 m\sin\alpha + y_1 m\cos\alpha - y_1 \end{cases} \qquad (6\text{-}18)$$

令 $a_1 = m\cos\alpha - 1$，$a_2 = m\sin\alpha$，上式可写为：

$$\begin{cases} \Delta x = x_0 + x_1 a_1 - y_1 a_2 \\ \Delta y = y_0 + x_1 a_2 + y_1 a_1 \end{cases} \qquad (6\text{-}19)$$

写成矩阵形式为：

$$\boldsymbol{L} = \boldsymbol{B}\delta\boldsymbol{X} \qquad (6\text{-}20)$$

式中　$\boldsymbol{L} = \begin{bmatrix} \Delta x & \Delta y \end{bmatrix}^{\mathrm{T}}$；

　　　$\boldsymbol{B} = \begin{bmatrix} 1 & 0 & x_1 & -y_1 \\ 0 & 1 & y_1 & x_1 \end{bmatrix}$；

　　　$\delta\boldsymbol{X} = \begin{bmatrix} x_0 & y_0 & a_1 & a_2 \end{bmatrix}^{\mathrm{T}}$。

在实施坐标转换的局部区域内，均匀选取若干公共点，将这些公共点的坐标差 Δx、Δy 视为"观测量"。设这些观测量的改正数为 $v_{\Delta x}$、$v_{\Delta y}$，根据最小二乘法原理，由观测方程(6-20)列出误差方程，进而组成法方程，求解转换参数，最后将转换参数回代入式(6-17)即可完成坐标转换。

因误差方程系数矩阵 $\boldsymbol{B}$ 中的元素 x_1、y_1 的值很大，由公共点计算得到的法方程系数矩阵中最大元素与最小元素之比近似为 10^{13} 量级，引起法方程系数矩阵病态。对于病态方程组，即使采用稳定的算法，求解时也必然出现解的不稳定现象，得不到令人满意的结果[163-164]。

6.4.1.2　改进的平面四参数模型

鉴于经典平面四参数模型存在的问题，本书通过调整误差方程系数矩阵的元素值，改进法方程系数矩阵的结构，减小其病态性。总的方法是将经典模型绕原点 O_1 旋转改为绕某点 P 旋转，具体步骤如下：

(1) 将 $O_1\text{-}x_1y_1$ 的原点 O_1 平移到某点 P，形成一个过渡坐标系 $P\text{-}x_Py_P$；

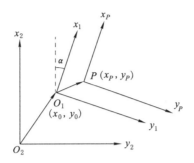

图 6-9　平面四参数转换

（2）假设有垂直于 $x_P y_P$ 平面的 z_P 轴,以 P 点为旋转点,将 P-$x_P y_P$ 绕 z_P 轴旋转 α,使经过旋转后的 P-$x_P y_P$ 与 O_2-$x_2 y_2$ 的同名坐标轴平行;

（3）将 P-$x_P y_P$ 中的长度单位缩放 m 倍,使其与 O_2-$x_2 y_2$ 的长度单位一致;

（4）将 O_1 分别沿 x_2、y_2 轴移动 $-x_0$、$-y_0$,使其与原点 O_2 重合。

上述转换过程可用数学公式表达如下:

$$\begin{cases} x_2 = x_0 + x_P + x'_1 m\cos\alpha - y'_1 m\sin\alpha \\ y_2 = y_0 + y_P + x'_1 m\sin\alpha + y'_1 m\cos\alpha \end{cases} \tag{6-21}$$

改进模型的形式同经典模型,也包括四个转换参数,其中,平移参数的含义相同,但旋转和尺度参数的含义不同,α、m 为由 P-$x_P y_P$ 转换到 O_2-$x_2 y_2$。上式将测区坐标进行了中心化处理,当 x_P、y_P 都为 0 时,即为经典模型,相当于绕 O_1 点旋转。

上式中,$x'_1 = x_1 - x_P$,$y'_1 = y_1 - y_P$,是测区中心化后的坐标;x_P、y_P 为 P 点在 O_1-$x_1 y_1$ 下的平面直角坐标,是公共点源坐标的平均值;其他变量含义同经典模型。假设测区有 n 个公共点,x_1^i、y_1^i 为第 i 点的坐标,则:

$$\begin{cases} x_P = \dfrac{1}{n}\sum_{i=1}^{n} x_1^i \\ y_P = \dfrac{1}{n}\sum_{i=1}^{n} y_1^i \end{cases} \tag{6-22}$$

为进一步改善法方程系数矩阵的病态性,还需要对误差方程系数中的元素施加适当的缩小因子 k,即在前面求出 x'_1、y'_1 的基础上,令:

$$\begin{cases} x''_1 = x'_1/k \\ y''_1 = y'_1/k \end{cases} \tag{6-23}$$

k 的取值由测区范围确定,例如测区范围在 100 km×100 km 左右,则中心化后的坐标均小于 10^6 量级(以 m 为单位),此时可取 $k=10^6$;若 k 取值过大,也会造成矩阵主对角线元素不占优,法方程系数矩阵病态。通过上面两个步骤,有效降低了误差方程系数矩阵中最大元素与最小元素的比值,改善了法方程系数矩阵的结构。

列误差方程时,以经过中心化与缩小系数处理后的坐标 x''_1、y''_1 代替式(6-20)系数矩阵 B 中的原始公共点坐标 x_1、y_1,此时式(6-20)变为:

$$L = B_1\delta X \tag{6-24}$$

式中,$B_1 = \begin{bmatrix} 1 & 0 & x''_1 & -y''_1 \\ 0 & 1 & y''_1 & x''_1 \end{bmatrix}$,$L$ 的形式和数值同式(6-20),δX 的形式同式(6-20),但数值不同。

6.4.1.3 实例分析

(1)实验数据

某一测区东西长约 21 km,南北长约 25 km,网中共 13 个三等 GPS 点,分布如图 6-10 所示,具有 WGS-84 和 1980 西安坐标系下的平面直角坐标。选择 G01~G09 等九个点作为公共点求取转换参数,并以它们 WGS-84 坐标均值作为 P 点坐标,其余的 G10~G13 等四个公共点作为检核点,取 $k=10^3$。设计经典模型和改进模型两种试验方案,分析在这两种方案下模型的病态性、稳定性和精度。

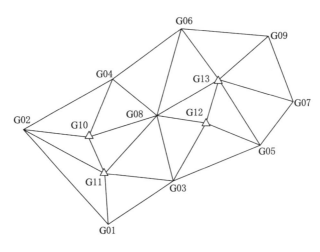

图 6-10　控制点分布示意图

（2）模型的病态性

要分析模型的病态性,需先对转换参数的相关性进行分析[156,162]。用文献[156,162]的方法,对各个参数间的相关性和参数组与参数组之间的相关性进行分析,要证明参数之间强相关,只需证明其相关系数接近 1 即可。

① 各参数之间的相关性

两种方案各参数之间的相关性分别如表 6-5、表 6-6 所列。

表 6-5 经典模型参数之间的相关性

	x_0	y_0	a_1	a_2
x_0	1.000 0	−0.000 0	−0.992 0	0.126 5
y_0		1.000 0	−0.126 5	−0.992 0
a_1	对		1.000 0	0.000 0
a_2		称		1.000 0

表 6-6 改进模型参数之间的相关性

	x_0	y_0	a_1	a_2
x_0	1.000 0	0.000 0	−0.000 0	0.000 0
y_0		1.000 0	−0.000 0	−0.000 0
a_1	对		1.000 0	0.000 0
a_2		称		1.000 0

表 6-5 表明,经典模型 x_0 与 a_1 之间强相关,y_0 与 a_2 之间强相关;表 6-6 表明,改进模型四个参数之间完全不相关。

② x_0、y_0 与 a_1、a_2 之间的相关性

经典模型:解得线性关联阵 $\boldsymbol{M} = \begin{bmatrix} 1 & 0 \\ 0 & 1 \end{bmatrix}$,特征根为 1、1,得广义相关系数 $\rho = 1$,故 x_0、y_0 与 a_1、a_2 组间强相关。

改进模型:解得线性关联阵 $\boldsymbol{M} = \begin{bmatrix} 0 & 0 \\ 0 & 0 \end{bmatrix}$,特征根为 0、0,得广义相关系数 $\rho = 0$,故 x_0、y_0 与 a_1、a_2 组间完全不相关。

计算得两种模型的法方程系数矩阵的条件数分别为 4.8×10^{18}、87,经典模型严重病态,而改进模型的条件数小于 10^3,不病态,法方程性能大大优于经典模型。原因是实验数据对工程而言,这是一个较大的控制网,但相对于高斯投影分带仍是较小区域,即坐标值差别较小;此时,式(6-17)右端的第 2 项对每个点都基本相同,即旋转和尺度参数对每个点的影响基本一样,而平移参数对每个点的影响是相同的,因此从数值上可以看出,对于小区域,平移参数与旋转尺度参数之间存在强相关。而改进模型以 P 为旋转点,其误差方程系数矩阵中的元素值减去了 P 点坐标,即进行了中心化处理,同时也施加了缩小系数,在很大程度上改善了观测结构,使得参数之间不存在相关性,估计的参数结果稳定可靠。

(3)模型的稳定性

为了验证模型的稳定性,将 G01 点的西安 80 平面直角坐标作微小变化,即将该点的 x 增大 0.01 m、y 减少 0.015 m,其余点的坐标不变,分别用变化前后的坐标求解转换参数,结果如表 6-7 所列。

表 6-7　两种情况的转换参数及其精度

转换模型		变化前	变化后
经典	x_0/m	$20.209\,8\pm1.802\,7$	$20.864\,0\pm2.152\,3$
	y_0/m	$-143.019\,5\pm1.802\,7$	$-144.472\,0\pm2.152\,3$
	a_1	$-0.000\,003\pm0.000\,000$	$-0.000\,003\pm0.000\,000$
	a_2	$0.000\,005\pm0.000\,000$	$0.000\,005\pm0.000\,000$
改进	x_0/m	$5.823\,2\pm0.003\,8$	$5.824\,3\pm0.004\,5$
	y_0/m	$-123.320\,7\pm0.003\,8$	$-123.322\,3\pm0.004\,5$
	$a_1/10^{-3}$	$-0.002\,663\pm0.000\,408$	$-0.002\,768\pm0.000\,487$
	$a_2/10^{-3}$	$0.004\,829\pm0.000\,408$	$0.005\,173\pm.000\,487$

由测区公共点在两坐标系的坐标之差可知,测区近似的平移参数为 $x_0=6$ m,$y_0=-123$ m,模型求解的两个平移参数值应近似等于该值。表 6-7 中,改进模型变化前后的平移参数均能反映出应有的近似值,经典模型的平移参数明显偏离应有值,且四个参数之间数量级差别很大,a_1、a_2 的系数几乎为 0,说明仅有平移参数在转换中发挥作用,这与实际情况不符,这是因为法方程系

数矩阵的病态性造成转换参数之间量级的巨大差异。

另由表 6-7 可知,变化前平移参数精度相同,a_1、a_2 精度也相同,即精度均匀,变化后也有类似的结果;坐标的微小变化引起经典模型平移参数和精度较大的改变,分别达到 m 级和 dm 级,而仅引起改进模型平移参数及精度微小的变化,都为 mm 级。可见,经典模型平移参数的精度和稳定性均远低于改进模型,坐标变动越大,改进模型优势越明显。如果改变其他点的坐标,也能得到类似的结果。

(4) 模型的精度

由变化前后的参数分别得到 13 个点的两次平面直角坐标,经比较发现,变化前两种模型转换得到的公共点与检核点坐标相同,变化后两模型结果也相同,但对于同一模型,变化后的精度略低于变化前。这是由于 G01 点的精度偏低引起的,应选择质量高的点作为公共点,精度统计如表 6-8 所列。

表 6-8 转换精度统计   单位:mm

	内符合精度			外符合精度		
	x 方向	y 方向	H 方向	x 方向	y 方向	H 方向
变化前	13.3	7.1	15.1	10.1	4.7	11.1
变化后	16.0	8.3	18.0	12.4	5.6	13.6

虽然经典模型的平移参数精度与稳定性差,但对转换结果却无影响,原因是经典模型参数之间相关性大,故参数有多组解,即当公共点坐标稳定时,参数值唯一,当公共点坐标有微小变化时,参数值有较大变化。但不同的参数值都是经典模型的解,都满足经典模型,因此转换结果一样。对于改进模型,计算的所有公共点与 P 点的距离最大为 15.6 km,最小为 3.3 km,平均为 8.6 km。由表 6-7 可知,公共点绕 P 点旋转,0.000 105 的 a_1 变化量和 0.000 344 的 a_2 变化量引起的坐标变化量最大分别为 1.6 mm 和 5.4 mm。尽管 a_1、a_2 的变化量较大,但由于距离短,对坐标值的影响很小。

6.4.2 七参数坐标转换模型的适用性分析

空间转换模型主要有布尔沙(Bursa)模型、莫洛金斯基(Molodensky)模型、范士模型和武测模型等[29,138-140]。上述模型都包括三个平移参数,三个旋转参数和一个尺度变化参数,故也称为七参数转换模型,但七参数数值是不同的。在进行不同基准间的转换时,Bursa 和 Molodensky 模型都是常用的模型。文献[156]根据广义相关系数的求解,证明了 Bursa 模型在小区域(100×100 km² 范围内)应用时,平移参数与旋转及尺度变化参数之间是强相关的。同时也得出,如果在同一小区域测定两次或者已知点坐标有微小变化(微小的测量误差或点位移动),由于 Bursa 模型七参数的相关性,导致解算模型病态[157-158],求出的参数在数值上将会差别很大。文献[157-158]采用正则化方法求解病态方程,文献[160]对 Bursa 模型进行了改进,但这些方法只能减弱法方程矩阵的病态性,而不能完全消除。

通过数值计算,对小区域内 Molodensky 模型参数之间的相关性进行研究。分析当已知点坐标发生微小变化时,对转换参数稳定性的影响,并与 Bursa 模型结果进行比较,以期得出 Molodensky 模型的适用情况。

6.4.2.1 七参数坐标转换模型

(1) Bursa 模型[29,138-139]

$$
\begin{bmatrix} X_B \\ Y_B \\ Z_B \end{bmatrix} = \begin{bmatrix} T_{X_{A,B}} \\ T_{Y_{A,B}} \\ T_{Z_{A,B}} \end{bmatrix} + (1+m_{A,B}) \begin{bmatrix} 1 & \omega_{Z_{A,B}} & -\omega_{Y_{A,B}} \\ -\omega_{Z_{A,B}} & 1 & \omega_{X_{A,B}} \\ \omega_{Y_{A,B}} & -\omega_{X_{A,B}} & 1 \end{bmatrix} \begin{bmatrix} X_A \\ Y_A \\ Z_A \end{bmatrix}
$$

$$(6-25)$$

由于旋转参数与尺度变化参数很小,上式可写为:

$$
\begin{bmatrix} X_B \\ Y_B \\ Z_B \end{bmatrix} = \begin{bmatrix} X_A \\ Y_A \\ Z_A \end{bmatrix} + \begin{bmatrix} 1 & 0 & 0 & 0 & -Z_A & Y_A & X_A \\ 0 & 1 & 0 & Z_A & 0 & -X_A & Y_A \\ 0 & 0 & 1 & -Y_A & X_A & 0 & Z_A \end{bmatrix} \delta \boldsymbol{X} \quad (6-26)
$$

式中 X_A, Y_A, Z_A 和 X_B, Y_B, Z_B——某点分别在 O_A-$X_A Y_A Z_A$ 和 O_B-$X_B Y_B Z_B$ 坐标系下的空间直角坐标;

$\delta \boldsymbol{X} = \begin{bmatrix} T_{X_{A,B}} & T_{Y_{A,B}} & T_{Z_{A,B}} & \omega_{X_{A,B}} & \omega_{Y_{A,B}} & \omega_{Z_{A,B}} & m_{A,B} \end{bmatrix}^T$,其中,$T_{X_{A,B}}$,$T_{Y_{A,B}}$,$T_{Z_{A,B}}$ 为三个平移参数,$\omega_{X_{A,B}}$,$\omega_{Y_{A,B}}$,$\omega_{Z_{A,B}}$ 为三个旋转参数,$m_{A,B}$ 为一个尺度变化参数(下标 A,B 表示由 O_A-$X_A Y_A Z_A$ 转换到 O_B-$X_B Y_B Z_B$)。

在求解七参数时,若公共点多于三个,可用最小二乘法求解,将结果回代入式(6-25)即可完成坐标转换。

(2) Molodensky 模型[29,138-139]

Bursa 和 Molodensky 模型都包括七个转换参数,但参数的具体含义有所不同。其中平移参数的含义相同,但旋转和尺度变化参数的含义不同。原因是 Bursa 模型以原点 O_A 为固定旋转点,而 Molodensky 模型先把 O_A 平移到

某点 P，形成一个过渡坐标系 $P\text{-}X'Y'Z'$，再以过渡坐标系的原点 P 为固定旋转点，以后的旋转方式和次序与 Bursa 模型相同。

$$\begin{bmatrix} X_B \\ Y_B \\ Z_B \end{bmatrix} = \begin{bmatrix} T_{X_{A,B}} \\ T_{Y_{A,B}} \\ T_{Z_{A,B}} \end{bmatrix} + \begin{bmatrix} X_P \\ Y_P \\ Z_P \end{bmatrix} + (1+m_{P,B}) \begin{bmatrix} 1 & \omega_{Z_{P,B}} & -\omega_{Y_{P,B}} \\ -\omega_{Z_{P,B}} & 1 & \omega_{X_{P,B}} \\ \omega_{Y_{P,B}} & -\omega_{X_{P,B}} & 1 \end{bmatrix} \begin{bmatrix} X_A - X_P \\ Y_A - Y_P \\ Z_A - Z_P \end{bmatrix}$$

$$(6\text{-}27)$$

由于旋转参数与尺度变化参数很小，上式可写为：

$$\begin{bmatrix} X_B \\ Y_B \\ Z_B \end{bmatrix} = \begin{bmatrix} X_A \\ Y_A \\ Z_A \end{bmatrix} +$$

$$\begin{bmatrix} 1 & 0 & 0 & 0 & -(Z_A - Z_P) & Y_A - Y_P & X_A - X_P \\ 0 & 1 & 0 & Z_A - Z_P & 0 & -(X_A - X_P) & Y_A - Y_P \\ 0 & 0 & 1 & -(Y_A - Y_P) & X_A - X_P & 0 & Z_A - Z_P \end{bmatrix} \delta\boldsymbol{X}$$

$$(6\text{-}28)$$

式中　　$\delta\boldsymbol{X} = \begin{bmatrix} T_{X_{A,B}} & T_{Y_{A,B}} & T_{Z_{A,B}} & \omega_{X_{P,B}} & \omega_{Y_{P,B}} & \omega_{Z_{P,B}} & m_{P,B} \end{bmatrix}^{\mathrm{T}}$，其中，

$\omega_{X_{P,B}}, \omega_{Y_{P,B}}, \omega_{Z_{P,B}}$ 为三个旋转参数，$m_{P,B}$ 为一个尺度变化参数（下标 P,B 表示由 $P\text{-}X'Y'Z'$ 转换到 $O_B\text{-}X_B Y_B Z_B$）；

X_P, Y_P, Z_P——P 点在 $O_A\text{-}X_A Y_A Z_A$ 下的空间直角坐标；

其他字母含义同 Bursa 模型。

当 X_P, Y_P, Z_P 都为 0 时，即为 Bursa 模型。

6.4.2.2　计算与分析

（1）实验数据

实验选取某城市三等 GPS 网中的 28 个点。覆盖范围：南北约 50 km，东西约 40 km，对工程而言，这是一个较大的 GPS 网，但相对于地球仍是很小的一个区域。这 28 个点既有在 WGS-84 下的坐标，又有在 1980 西安坐标系下的平面坐标和三等水准高程，高程系统为 1985 国家高程基准。均匀选取其中 10 个点为公共点，另外 18 个点为检核点。

（2）模型的病态性

计算时将 1980 西安坐标系的平面坐标反算为经纬度，以水准高程作为大地高，得到 1980 西安坐标系的空间直角坐标。以 10 个公共点 WGS-84 坐标的均值作为 P 点坐标，为使法方程性能良好，平移参数单位取 m，旋转参数单

位取 s',尺度变化参数取 $m \times 10^{-6}$,所得协方差阵如表 6-9 所列。

表 6-9　七参数的协方差阵

	T_X	T_Y	T_Z	ω_X	ω_Y	ω_Z	m
T_X	0.000 1	−0.000 0	−0.000 0	−0.000 0	−0.000 0	0.000 0	−0.000 0
T_Y		0.000 1	0.000 0	0.000 0	0.000 0	−0.000 0	−0.000 0
T_Z			0.000 1	0.000 0	0.000 0	−0.000 0	0.000 0
ω_X				0.021 8	0.025 1	−0.017 6	0.000 0
ω_Y		对			0.062 4	−0.038 0	0.000 0
ω_Z			称			0.036 7	−0.000 0
m							0.217 6

① 各参数之间的相关性

各个参数之间的相关性如表 6-10 所列。

表 6-10　七参数相关性

	T_X	T_Y	T_Z	ω_X	ω_Y	ω_Z	m
T_X	1.000 0	0.000 0	−0.000 0	−0.000 0	−0.000 0	−0.000 0	0.000 0
T_Y		1.000 0	0.000 0	0.000 0	0.000 0	−0.000 0	−0.000 0
T_Z			1.000 0	0.000 0	0.000 0	−0.000 0	0.000 0
ω_X				1.000 0	0.681 2	−0.620 9	−0.000 0
ω_Y		对			1.000 0	−0.794 3	0.000 0
ω_Z			称			1.000 0	−0.000 0
m							1.000 0

表 6-10 表明七个参数之间几乎不相关,最大的相关性出现在 ω_Y 与 ω_Z 之间,也仅为 −0.794 3。

② 平移参数与旋转和尺度变化参数之间的相关性

将两组参数定义为:$\boldsymbol{x}=\begin{bmatrix} T_X & T_Y & T_Z \end{bmatrix}^{\mathrm{T}}$,$\boldsymbol{y}=\begin{bmatrix} \omega_X & \omega_Y & \omega_Z & m \end{bmatrix}^{\mathrm{T}}$,根据

表 6-9 的数据,由式(6-30)算得线性关联阵 $\boldsymbol{M}_{yx}=\begin{bmatrix} 0 & 0 & 0 & 0 \\ 0 & 0 & 0 & 0 \\ 0 & 0 & 0 & 0 \\ 0 & 0 & 0 & 0 \end{bmatrix}$,解得特征根

为:0,0,0,0。

由此可见 $\boldsymbol{M}_{yx}$ 是秩亏阵,其秩为 0,由广义相关系数的定义,由非零特征根可求出相关系数,$\rho_{xy}^{(i)}=0(i=1,2,\cdots,5)$,故平移参数与另外四个参数不相关。

③ 平移参数与旋转参数之间的相关性

将两组参数定义为:$\boldsymbol{x}=\begin{bmatrix} T_X & T_Y & T_Z \end{bmatrix}^{\mathrm{T}}$,$\boldsymbol{y}=\begin{bmatrix} \omega_X & \omega_Y & \omega_Z \end{bmatrix}^{\mathrm{T}}$,算得 $\boldsymbol{M}_{yx}$ $=\begin{bmatrix} 0 & 0 & 0 \\ 0 & 0 & 0 \\ 0 & 0 & 0 \end{bmatrix}$,解得特征根为:0,0,0。因此,广义相关系数为 $\rho_{xy}^{(i)}=0(i=1,2,$ $\cdots,5)$,即平移参数与旋转参数之间是不相关的。

④ 平移参数与尺度变化参数之间的相关性

将两组参数定义为:$\boldsymbol{x}=\begin{bmatrix} T_X & T_Y & T_Z \end{bmatrix}^{\mathrm{T}}$,$\boldsymbol{y}=\begin{bmatrix} m \end{bmatrix}$,算得 $\boldsymbol{M}_{yx}=\begin{bmatrix} 0 \end{bmatrix}$。特征根为 0,故平移参数与尺度变化参数之间的广义相关系数为 $\rho_{xy}^{(i)}=0(i=1,$ $2,\cdots,5)$,即平移参数与尺度变化参数之间是不相关的。

⑤ 旋转参数与尺度变化参数之间的相关性

将两组参数定义为:$\boldsymbol{x}=\begin{bmatrix} \omega_X & \omega_Y & \omega_Z \end{bmatrix}^{\mathrm{T}}$,$\boldsymbol{y}=\begin{bmatrix} m \end{bmatrix}$,算得 $\boldsymbol{M}_{yx}=\begin{bmatrix} 0 \end{bmatrix}$。特征根为 0,故旋转参数与尺度变化参数之间是不相关的。

实验数据计算得 Bursa 和 Molodensky 法方程条件数分别为 1.6×10^9,3.9×10^3,Bursa 模型严重病态,而 Molodensky 模型大大减弱了法方程的病态性,法方程性能优于 Bursa 模型。原因是地球半径约有 6 400 km,实验数据覆盖范围为 50 km×40 km,相对于地球很小,式(6-25)两端公共点的空间直角坐标的前两位相同,即坐标值几乎相等。这时,式(6-25)右端的第二项对每个点都基本不变,即旋转和尺度参数对每个点的影响基本上是一样的,而平移参数对每个点的影响是相同的,因此从数值上可以看出,对于小区域,平移参数与旋转及尺度参数之间存在强相关。Molodensky 模型以 P 点为旋转点,其误差方程系数矩阵中的元素值减去了 P 点坐标,即进行了中心化处理,在一定程度上改善了观测结构,使得参数之间几乎没有相关性。

(3)模型的稳定性

为了验证模型的稳定性，将某公共点的 1980 西安坐标系平面坐标做微小变化，即将该点的 x 减小 0.01 m、y 增大 0.015 m，其余点的坐标不变。分别用变化前后的坐标求解转换参数，结果如表 6-11 所列。

表 6-11　两种情况的转换参数及其精度

转换模型		变化前	变化后
Bursa 模型	T_X/m	198.516 4±8.489 8	198.381 0±8.408 5
	T_Y/m	111.407 9±3.062 3	111.631 0±3.032 9
	T_Z/m	14.946 7±5.813 9	15.161 3±5.758 2
	ω_X/s	−1.300 552±0.147 785	−1.288 772±0.146 369
	ω_Y/s	2.845 555±0.249 716	2.825 472±0.247 324
	ω_Z/s	−1.862 322±0.191 526	−1.882 217±0.189 692
	$m/10^{-6}$	−2.870 977±0.466 437	−2.924 009±0.461 969
Molodensky 模型	T_X/m	111.004 1±0.007 5	111.002 4±0.007 4
	T_Y/m	50.974 2±0.007 5	50.974 0±0.007 4
	T_Z/m	−4.958 9±0.007 5	−4.959 7±0.007 4
	ω_X/s	−1.300 552±0.147 785	−1.288 772±0.146 369
	ω_Y/s	2.845 555±0.249 716	2.825 472±0.247 324
	ω_Z/s	−1.862 322±0.191 526	−1.882 217±0.189 692
	$m/10^{-6}$	−2.87 0977±0.466 437	−2.924 009±0.461 969

由表 6-11 可知，坐标变化前 Bursa 与 Molodensky 模型的旋转和尺度参数及精度相同，变化后两个模型也有同样的结果。同一模型变化前后的旋转和尺度参数及精度不同，旋转参数的变化达 0.02 s 级，尺度参数的变化达 5×10^{-8} 级，变化较大。坐标变化引起 Bursa 模型平移参数 dm 级的改变，精度 cm 级的改变，而仅引起 Molodensky 模型 mm 级的改变，精度亚 mm 级的改变，且 Molodensky 模型三个平移参数的精度相同，即精度均匀，这是因为 Molodensky 参数之间几乎是不相关的。可见，Bursa 平移参数的精度和稳定性均远低于 Molodensky 模型，坐标变动越大，Molodensky 模型优势越明显。

（4）模型的精度

由变化前后的参数分别得到 28 个点的两次平面坐标和高程,经比较发现:变化前,Bursa 与 Molodensky 模型转换得到的公共点与检核点坐标相同;变化后,两模型结果也相同。对于 Bursa 模型,同一个点两次平面坐标相差最大在毫米级,高程相差最大在 0.001 mm 级,Molodensky 模型也能得到类似的结果。可见,虽然 Bursa 模型的平移参数精度与稳定性差,但对转换结果的影响却很小,原因是 Bursa 模型参数之间相关性大,故参数有多组解,即当公共点坐标稳定时,参数值唯一,当公共点坐标有微小变化时,参数值有较大变化,但不同的参数值都是 Bursa 模型的解,都满足 Bursa 模型,因此转换结果一样。对于 Molodensky 模型,由本书实验数据计算得所有公共点与 P 点的距离最大为 24.1 km,最小为 2.7 km,平均为 14.5 km。公共点绕 P 点旋转,0.02 s 的旋转角变化量和 5×10^{-8} 的尺度变化量引起的坐标变化量最大分别为 2.3 mm 和 1.2 mm,尽管旋转与尺度参数的变化量较大,但由于距离短,因此影响很小。

6.5　GPS 点位误差传播

在测量中,空间点的位置常在地心坐标系和参心坐标系下表示,两者都有大地坐标系、空间直角坐标系和高斯平面直角坐标系等三种常用表达形式[29,105,141]。GPS 定位模型一般是在空间直角坐标系下建立的,以 P 点为例,解算的定位结果包括点的坐标 X、Y、Z 和方差-协方差阵 $\boldsymbol{D}_{XYZ}$,$\boldsymbol{D}_{XYZ}$ 的形式如下[111-113]:

$$\boldsymbol{D}_{XYZ} = \begin{bmatrix} \sigma_X^2 & \sigma_{XY} & \sigma_{XZ} \\ \sigma_{YX} & \sigma_Y^2 & \sigma_{YZ} \\ \sigma_{ZX} & \sigma_{ZY} & \sigma_Z^2 \end{bmatrix} \tag{6-29}$$

目前最常用的点位误差度量方法是 Helmert 表示法,P 点的点位误差可表示为[111-113]:

$$\sigma_{XYZ} = \sqrt{\sigma_X^2 + \sigma_Y^2 + \sigma_Z^2} \tag{6-30}$$

文献[142-143]给出了空间直角坐标 X,Y,Z 与大地坐标 B、L、H 之间的全微分及误差传播公式,式中 dB、dL 以角度为单位,dH 以长度为单位。以角度量表示的误差在数值上非常小,且同一经差所相应的平行圈弧长在不同纬度处会相差较大,不利于实际应用,且系数矩阵较为复杂[108-109]。文献

[109]借助子午圈曲率半径和平行圈半径将 B、L 的角度量误差传播为以长度为单位的误差(等效长度量误差),但文献[109]的推导过程较复杂,本书将推导简化公式,并从理论证明和算例验证两方面说明该公式可代替现有的空间直角坐标系与高斯平面直角坐标系之间复杂的误差传播公式。

6.5.1 X、Y、Z 与 B、L、H 误差传播

6.5.1.1 B、L、H 误差传播为 X、Y、Z 误差

X、Y、Z 与 B、L、H 之间的关系式为[29,105,141,143]:

$$\begin{cases} X = (N+H)\cos B\cos L \\ Y = (N+H)\cos B\sin L \\ Z = [N(1-e^2)+H]\sin B \end{cases} \tag{6-31}$$

式中 N——P 点法线与椭球面交点的卯酉圈曲率半径,$N=a/W$,$W=\sqrt{1-e^2\sin^2 B}$,a、e 分别为椭球长半径和第一偏心率;

H——P 点的大地高。

式(6-31)的全微分形式为[105,143,165]:

$$(\mathrm{d}X \quad \mathrm{d}Y \quad \mathrm{d}Z)^\mathrm{T} = \boldsymbol{J}(\mathrm{d}B \quad \mathrm{d}L \quad \mathrm{d}H)^\mathrm{T} \tag{6-32}$$

式中,$\mathrm{d}X$、$\mathrm{d}Y$、$\mathrm{d}Z$、$\mathrm{d}H$ 以 m 为单位,$\mathrm{d}B$、$\mathrm{d}L$ 以秒为单位。

$$\boldsymbol{J} = \begin{bmatrix} -\dfrac{(M+H)\sin B\cos L}{\rho} & -\dfrac{(N+H)\cos B\sin L}{\rho} & \cos B\cos L \\ -\dfrac{(M+H)\sin B\sin L}{\rho} & \dfrac{(N+H)\cos B\cos L}{\rho} & \cos B\sin L \\ \dfrac{(M+H)\cos B}{\rho} & 0 & \sin B \end{bmatrix}$$

其中,M 为 P 点法线与椭球面交点的子午圈曲率半径,$M=a(1-e^2)/W^3$,$\rho=180/\pi\times3\,600$。

由式(6-32),根据误差传播定律,P 点在空间直角坐标系下的方差协方差阵为:

$$\boldsymbol{D}_{XYZ} = \boldsymbol{J}\boldsymbol{D}_{BLH}\boldsymbol{J}^\mathrm{T} \tag{6-33}$$

P 点在空间直角坐标系下的 $\boldsymbol{D}_{XYZ}$ 和点位误差表示方法见式(6-29)、(6-30)。

6.5.1.2 X、Y、Z 误差传播为 B、L、H 误差

因 $\boldsymbol{J}$ 是可逆矩阵,由式(6-32)可得[105,143,165]:

$$(\mathrm{d}B \quad \mathrm{d}L \quad \mathrm{d}H)^\mathrm{T} = \boldsymbol{J}^{-1}(\mathrm{d}X \quad \mathrm{d}Y \quad \mathrm{d}Z)^\mathrm{T} \tag{6-34}$$

式中

$$
\boldsymbol{J}^{-1} =
\begin{bmatrix}
-\dfrac{\rho\sin B\cos L}{M+H} & -\dfrac{\rho\sin B\sin L}{M+H} & \dfrac{\rho\cos B}{M+H} \\[3mm]
-\dfrac{\rho\sin L}{(N+H)\cos B} & \dfrac{\rho\cos L}{(N+H)\cos B} & 0 \\[3mm]
\cos B\cos L & \cos B\sin L & \sin B
\end{bmatrix}
$$

由式(6-34),根据误差传播定律,P 点在大地坐标系下的方差协方差阵为:

$$
\boldsymbol{D}_{BLH} = (\boldsymbol{J}^{-1})\boldsymbol{D}_{XYZ}(\boldsymbol{J}^{-1})^{\mathrm{T}} \tag{6-35}
$$

6.5.2　x、y 与 B、L 误差传播

6.5.2.1　B、L 误差传播为 x、y 误差

当略去 l 的 4 次及以上项,高斯投影坐标正算公式为[29,105,141,143]:

$$
\begin{cases}
x = X + \dfrac{1}{2}N\sin B\cos Bl^2 \\[3mm]
y = N\cos Bl + \dfrac{1}{6}N\cos^3 B(1-t^2)l^3
\end{cases} \tag{6-36}
$$

式中,P 点的子午圈弧长 $X=\int_0^B M\mathrm{d}B$,经差 $l=L-L_0$,单位为 rad,L_0 为中央子午线经度,$t=\tan B$。

式(6-36)的全微分形式为[143]:

$$
(\mathrm{d}x \quad \mathrm{d}y)^{\mathrm{T}} = \boldsymbol{A}(\mathrm{d}B \quad \mathrm{d}l)^{\mathrm{T}} \tag{6-37}
$$

式中　$\mathrm{d}x$、$\mathrm{d}y$ 以米为单位;$\mathrm{d}l$ 以秒为单位;$\boldsymbol{A}=\dfrac{1}{\rho}\begin{bmatrix} x_B & x_l \\ y_B & y_l \end{bmatrix}$,文献[105,142]给出了 x_B、x_l、y_B、y_l 的具体形式,但推导较烦琐,且是近似公式,本节推证出形式简单、易于推导的严密公式,经整理得:

$$
\begin{cases}
x_B = M + \dfrac{1}{2}(-M\sin^2 B + N\cos^2 B)l^2 \\[3mm]
x_l = N\left[1 + \dfrac{1}{6}(5 - 6\sin^2 B)l^2\right]\sin B\cos Bl \\[3mm]
y_B = -\left[M + \dfrac{1}{6}(M - 2M\sin^2 B + 4N\cos^2 B)l^2\right]\sin Bl \\[3mm]
y_l = N\left[1 + \dfrac{1}{2}(1 - 2\sin^2 B)l^2\right]\cos B
\end{cases}
$$

具体推导过程略。推导中用到了子午线弧长 X 的导数 $dX = M$ 和文献[127]中的结论 $\dfrac{d(N\cos B)}{dB} = -M\sin B$。

由式(6-37),根据误差传播定律,P 点在高斯平面直角坐标系下的方差-协方差阵为[111-113]:

$$\boldsymbol{D}_{xy} = \boldsymbol{A}\boldsymbol{D}_{BL}\boldsymbol{A}^{\mathrm{T}} = \begin{bmatrix} \sigma_x^2 & \sigma_{xy} \\ \sigma_{yx} & \sigma_y^2 \end{bmatrix} \tag{6-38}$$

P 点在高斯平面直角坐标系下的点位误差可表示为[111-113]:

$$\sigma'_{xy} = \sqrt{\sigma_x^2 + \sigma_y^2} \tag{6-39}$$

6.5.2.2　x、y 误差传播为 B、L 误差

因 $\boldsymbol{A}$ 是可逆矩阵,由式(6-37)可得[143]:

$$(dB \quad dl)^{\mathrm{T}} = \boldsymbol{A}^{-1}(dx \quad dy)^{\mathrm{T}} \tag{6-40}$$

式中

$$\boldsymbol{A}^{-1} = \frac{\rho}{|\boldsymbol{A}|} \begin{bmatrix} y_l & -x_l \\ -y_B & x_B \end{bmatrix}$$

其中,$|\boldsymbol{A}| = x_B y_l - x_l y_B$。

由式(6-40),根据误差传播定律,P 点在大地坐标系下的方差协方差阵为:

$$\boldsymbol{D}_{BL} = (\boldsymbol{A}^{-1})\boldsymbol{D}_{xy}(\boldsymbol{A}^{-1})^{\mathrm{T}} \tag{6-41}$$

6.5.3　X、Y、Z 与 x、y、H 误差传播

6.5.3.1　X、Y、Z 误差传播为 x、y 误差

传播过程分两步进行,首先将 X、Y、Z 误差传播为 B、L、H 误差,然后将 B、L 误差传播为 x、y 误差。综合式(6-34)、(6-37),得:

$$\boldsymbol{D}_{xy} = \boldsymbol{K}\boldsymbol{D}_{XYZ}\boldsymbol{K}^{\mathrm{T}} \tag{6-42}$$

式中,$\boldsymbol{K} = \boldsymbol{A}\boldsymbol{R}$,$\boldsymbol{R} = \begin{bmatrix} J_{11}^{-1} & J_{12}^{-1} & J_{13}^{-1} \\ J_{21}^{-1} & J_{22}^{-1} & J_{23}^{-1} \end{bmatrix}$,$J_{ij}^{-1}$ 为矩阵 $\boldsymbol{J}^{-1}$ 中的相应元素。

6.5.3.2　x、y、H 误差传播为 X、Y、Z 误差

传播过程分两步进行,首先将 x、y 误差传播为 B、L 误差,然后将 B、L、H 误差传播为 X、Y、Z 误差。综合式(6-40)、(6-32),得:

$$\boldsymbol{D}_{XYZ} = \boldsymbol{C}\boldsymbol{D}_{xyH}\boldsymbol{C}^{\mathrm{T}} \tag{6-43}$$

式中,$\boldsymbol{C} = \boldsymbol{J}\boldsymbol{F}$,$F = \mathrm{diag}(\boldsymbol{A}^{-1} \quad 1)$,$\boldsymbol{D}_{xyH} = \mathrm{diag}(D_{xy} \quad \sigma_H^2)$,其中,$\sigma_H$ 为 P 点高程

误差，diag(•)表示对角矩阵。

6.5.4　X、Y、Z 与 N_1、E、U 误差传播

6.5.4.1　N_1、E、U 误差传播为 X、Y、Z 误差

因 P 点的子午圈曲率半径 $M'=M+H$、所在平行圈半径 $r=(N+H)\cos B$，令 $dN_1=M'dB/\rho$，$dE=rdL/\rho$，则 dN_1、dE 分别表示 P 点的角度量误差引起的沿子午圈方向（南北方向）和平行圈方向（东西方向）的长度量误差。由于 dB 很小，在 $[B,B+dB]$ 区间内完全可视 M' 不变，这相当于以子午圈和平行圈上两个微小的曲线长度来表示 P 点的南北方向和东西方向误差，则：

$$dB = \rho/M'dN_1 \tag{6-44}$$

$$dL = \rho/rdE \tag{6-45}$$

垂直方向（法线方向）误差用 dU 表示，则：

$$dH = dU \tag{6-46}$$

将式(6-44)、(6-45)、(6-46)代入式(6-32)，得：

$$(dX \quad dY \quad dZ)^{\mathrm{T}} = F(dN_1 \quad dE \quad dU)^{\mathrm{T}} \tag{6-47}$$

式中

$$\boldsymbol{F} = \begin{bmatrix} -\sin B\cos L & -\sin L & \cos B\cos L \\ -\sin B\sin L & \cos L & \cos B\sin L \\ \cos B & 0 & \sin B \end{bmatrix}$$

由式(6-47)，根据误差传播定律，P 点在空间直角坐标系下的方差-协方差阵为：

$$\boldsymbol{D}_{XYZ} = \boldsymbol{F}\boldsymbol{D}_{N_1EU}\boldsymbol{F}^{\mathrm{T}} \tag{6-48}$$

6.5.4.2　X、Y、Z 误差传播为 N_1、E、U 误差

因 $\boldsymbol{T}$ 为正交矩阵[109]，其逆矩阵等于转置矩阵。由式(6-47)可得：

$$(dN_1 \quad dE \quad dU)^{\mathrm{T}} = \boldsymbol{F}^{-1}(dX \quad dY \quad dZ)^{\mathrm{T}} \tag{6-49}$$

式中

$$\boldsymbol{F}^{-1} = \begin{bmatrix} -\sin B\cos L & -\sin B\sin L & \cos B \\ -\sin L & \cos L & 0 \\ \cos B\cos L & \cos B\sin L & \sin B \end{bmatrix}$$

由式(6-49)，根据误差传播定律，P 点在大地坐标系下的方差-协方差阵为[111-113]：

$$\boldsymbol{D}_{N_1 EU} = (\boldsymbol{F}^{-1}) \boldsymbol{D}_{XYZ} (\boldsymbol{F}^{-1})^{\mathrm{T}} = \begin{bmatrix} \sigma_{N_1}^2 & \sigma_{N_1 E} & \sigma_{N_1 U} \\ \sigma_{EN_1} & \sigma_E^2 & \sigma_{EU} \\ \sigma_{UN_1} & \sigma_{UE} & \sigma_U^2 \end{bmatrix} \qquad (6\text{-}50)$$

P 点在大地坐标系下的点位误差可表示为[111-113]：

$$\sigma_{N_1 EU} = \sqrt{\sigma_{N_1}^2 + \sigma_E^2 + \sigma_U^2} \qquad (6\text{-}51)$$

由于 P 点所在的子午圈、平行圈和法线方向相互垂直,则 N_1、E、U 方向相互垂直。由于 Helmert 点位误差度量在二维和三维情形下具有旋转不变性,与坐标系的选择无关,即二维和三维点位方差等于任意两个和三个垂直方向的方差之和[112-113]。即理论上 $\sigma_{N_1 EU} = \sigma_{XYZ}$,但各方向的方差不等。

因 N_1、E 方向分别和 x、y 方向相同,若忽略 P 点高斯投影长度变形和大地高 H（因 H 最大也不会超过 9 km,与地球曲率半径相比为微小值）的影响,得 $\sigma_x = \sigma_{N_1}$、$\sigma_y = \sigma_E$、$\sigma'_{xy} = \sigma_{N_1 E} = \sqrt{\sigma_{N_1}^2 + \sigma_E^2}$。

6.5.5 计算与分析

截取中国矿业大学 CORS 站点（KDJZ）的 1.5 h 的 GPS 实测数据,采用精密单点定位模型进行解算,得到该点在 WGS-84 坐标系中的概略 $B = 34°$,$L = 117°$ 和 $\boldsymbol{D}_{XYZ}$。

$$\boldsymbol{D}_{XYZ} = \begin{bmatrix} 2.152\,1 & -1.228\,3 & -0.648\,3 \\ -1.228\,3 & 2.016\,4 & 0.616\,2 \\ -0.648\,3 & 0.616\,2 & 0.507\,5 \end{bmatrix} \times 10^{-4}\,(\mathrm{m}^2)$$

取最不利的情况,$l = 3°$,$H = 10\,000$ m。

6.5.5.1 X、Y、Z 误差传播为 x、y 误差

由式（6-42）可得：

$$\boldsymbol{K} = \begin{bmatrix} 0.227\,5 & -0.511\,0 & 0.828\,2 \\ -0.897\,5 & -0.438\,9 & -0.024\,3 \end{bmatrix}$$

$$\boldsymbol{D}_{xy} = \begin{bmatrix} 0.505\,8 & -0.169\,0 \\ -0.169\,0 & 1.139\,4 \end{bmatrix} \times 10^{-4}\,(\mathrm{m}^2)$$

6.5.5.2 X、Y、Z 误差传播为 N_1、E、U 误差

由式（6-50）可得：

$$\boldsymbol{F}^{-1} = \begin{bmatrix} 0.253\,9 & -0.498\,2 & 0.829\,0 \\ -0.891\,0 & -0.454\,0 & 0 \\ -0.376\,4 & 0.738\,7 & 0.559\,2 \end{bmatrix}$$

$$\boldsymbol{D}_{N_1EU} = \begin{bmatrix} 0.516\,9 & -0.187\,5 & -0.857\,2 \\ -0.187\,5 & 1.130\,4 & 0.810\,6 \\ -0.857\,2 & 0.810\,6 & 3.028\,7 \end{bmatrix} \times 10^{-4}\,(\mathrm{m}^2)$$

根据 $\boldsymbol{D}_{XYZ}$、$\boldsymbol{D}_{xy}$ 和 $\boldsymbol{D}_{N_1EU}$ 分别计算该点在空间直角坐标系、高斯平面直角坐标系和大地坐标系下各方向误差和点位误差,结果如表 6-12 所列。

表 6-12　3 种坐标系下的误差　　　　　　　　　单位:m

坐标系统	$X/N_1/x$ 方向误差	$Y/E/y$ 方向误差	Z/U 方向误差	点位误差
空间直角坐标系	0.014 7	0.014 2	0.007 1	0.021 6
平面直角坐标系	0.007 1	0.010 7		0.012 8
大地坐标系	0.007 2	0.010 6	0.017 4	0.021 6

由表 6-12 可知,点位误差在空间直角坐标系和大地坐标系下其数值是相等的,但各方向的误差不相等。N_1、E 方向误差分别与 x、y 方向误差几乎相等,其微小差异是由 P 点高斯投影长度变形和大地高 H 引起的。N_1、E、U 方向误差更能直观地反映点位误差在三个重要方向上的大小。

6.5.5.3　x、y、H 误差传播为 X、Y、Z 误差

取前面计算得到的 $\boldsymbol{D}_{xy}$ 和 σ_H^2,组成 $\boldsymbol{D}_{xyH}$ 为:

$$\boldsymbol{D}_{xyH} = \begin{bmatrix} 0.505\,8 & -0.169\,0 & 0 \\ -0.169\,0 & 1.139\,4 & 0 \\ 0 & 0 & 3.028\,7 \end{bmatrix} \times 10^{-4}\,(\mathrm{m}^2)$$

由式(6-43)可得:

$$\boldsymbol{C} = \begin{bmatrix} 0.227\,8 & -0.898\,6 & -0.376\,4 \\ -0.511\,6 & -0.439\,5 & 0.738\,7 \\ 0.829\,2 & -0.024\,3 & 0.559\,2 \end{bmatrix}$$

$$\boldsymbol{D}_{XYZ} = \begin{bmatrix} 1.444\,6 & -0.511\,8 & -0.390\,2 \\ -0.511\,8 & 1.929\,1 & 1.108\,1 \\ -0.390\,2 & 1.108\,1 & 1.302\,3 \end{bmatrix} \times 10^{-4}\,(\mathrm{m}^2)$$

6.5.5.4　N_1、E、U 误差传播为 X、Y、Z 误差

因 N_1、E、U 方向误差分别与 x、y、H 方向误差相等,取 $\boldsymbol{D}_{N_1EU} = \boldsymbol{D}_{xyH}$。

由式(6-48)可得:

$$\boldsymbol{F} = \begin{bmatrix} 0.253\ 9 & -0.891\ 0 & -0.376\ 4 \\ -0.498\ 2 & -0.454\ 0 & 0.738\ 7 \\ 0.829\ 0 & 0 & 0.559\ 2 \end{bmatrix}$$

$$\boldsymbol{D}_{XYZ} = \begin{bmatrix} 1.442\ 7 & -0.500\ 7 & -0.406\ 1 \\ -0.500\ 7 & 1.936\ 5 & 1.105\ 7 \\ -0.406\ 1 & 1.105\ 7 & 1.294\ 7 \end{bmatrix} \times 10^{-4} (\mathrm{m}^2)$$

根据 $\boldsymbol{D}_{xyH}$、$\boldsymbol{D}_{N_1 EU}$ 和 $\boldsymbol{D}_{XYZ}$ 分别计算该点在高斯平面直角坐标系、大地坐标系和空间直角坐标系下各方向误差和点位误差,结果如表 6-13 所列。

表 6-13　3 种坐标系下的误差　　　　　　　单位:m

坐标系统	$x/N_1/X$ 方向误差	$y/E/Y$ 方向误差	U/Z 方向误差	点位误差
平面直角坐标系	0.0071	0.0107		0.0128
大地坐标系	0.0071	0.0107	0.0174	0.0216
空间直角坐标系	0.012 0	0.013 9	0.011 4	0.021 6
	0.012 0	0.013 9	0.011 4	0.021 6

由表 6-13 可知,两种方法得到该点在空间直角坐标系下的点位误差和各方向误差都是相等的。与表 6-12 中的结果比较可知,该点在两表中的空间直角坐标系下各方向误差不相等,这是因为忽略了 dx、dy 和 dH,以及 dN_1、dE 和 dU 的相关性,因为要满足旋转不变性,其点位误差是相等的。

6.6　GPS 基线向量与点位误差传播方法的等价性

因基线向量 ij 在解算时,是假设 i 为已知点、j 为未知点,以 j 点的误差作为基线向量 ij 的误差[29,104],若忽略 i、j 点曲率半径及大地高不同的影响,得中误差 $\sigma_{\Delta x_{ij}} = \sigma_{x_j}$、$\sigma_{\Delta y_{ij}} = \sigma_{y_j}$。

将基线向量 ij 的误差看作 j 点的误差,采用 GPS 点位误差传播方法,通过对 j 点的点位误差传播,实现基线向量的误差传播。计算涉及的坐标值用 j 点的值,即 $B_j = 46°$,$L_j = 118°30'$,$H_j = 20\ 000\ \mathrm{m}$,经差 $l = 1°30'$。得到基线向量在高斯平面直角坐标系、大地坐标系(实际也为站心直角坐标系)下的方向中误差和点位中误差,结果如表 6-14 所列。

表 6-14　2 种坐标系下的中误差　　　　　　　　　　单位:m

坐标系统	x/N_1 方向中误差	y/E 方向中误差	$/U$ 方向中误差	点位中误差
平面直角坐标系	0.009 8	0.010 5		0.014 4
大地坐标系	0.009 9	0.010 4	0.016 1	0.021 6

由表 3-1、表 6-14 可知,方向中误差及基线向量(点位)中误差在两表中高斯平面直角坐标系下其数值是相等的,但在两表中大地坐标系下其数值有微小差异,这是由于点的曲率半径和大地高不同引起的,表 3-1、表 6-14 计算时分别使用的是 i、j 点的曲率半径及大地高。

6.7　本章小结

本章研究了镜面反射点在 WGS-84 坐标系下的位置及有效测量区域的确定,并研究了 WGS-84 坐标系与其他坐标系之间的转换问题,同时考虑在实际应用中,点位误差在不同表达形式之间的传播。具体结论如下:

(1) 在对 GPS-R 几何关系研究的基础上,提出了基于地球椭球面法线的镜面反射点位置估计的椭球面算法,该算法能够适用于任何应用情形,且其迭代次数少,计算效率高。椭球面算法克服了现有算法仅能将镜面反射点定位到圆球表面的缺陷,只要给定镜面反射点的高程,就能确定其在实际反射面上的空间位置,即使镜面反射点的高程不准确,其对平面位置的影响也较小。实用中,可用反射区域内的平均高程作为镜面反射点的高程。

在对地基情形 GPS-R 几何关系分析的基础上,也提出了基于站心坐标系的平面算法。该算法简单,无须迭代计算,计算效率最高。同时也进一步证明了椭球面算法的正确性。随着 GPS 接收机高度的增加,在满足精度的条件下,平面算法也是适用的。

当 GPS 接收机处于静态地基情形时,不同轨道上 GPS 卫星得到的镜面反射点的平面位置轨迹形状相似,且当 GPS 卫星高度角越大,镜面反射点越靠近,反之亦然。

（2）根据第一菲涅耳反射区，分析了静态地基和非静态地基情形下的有效测量区域。

（3）经典平面四参数模型采用原始坐标，模型存在严重的病态性，无法获得稳定可靠的转换参数；通过测区坐标中心化及误差方程缩小系数处理，可明显减小法方程系数矩阵元素的数量级差异，使模型达到良态，可获得稳定可靠的转换参数。尽管经典模型是严重病态的，但转换结果仍然可用，且与改进模型的转换结果完全相同，公共点坐标的质量对转换结果有一定的影响。

（4）在小区域进行坐标转换时，Molodensky 模型参数间是不相关的，且平移参数的精度远高于 Bursa 模型。当已知点坐标发生微小变化时，即观测值或误差方程系数阵有摄动时，对 Bursa 参数的影响较大，而对 Molodensky 参数的影响较小，Molodensky 模型较稳定。尽管 Bursa 模型参数之间是相关的，但转换结果仍然可用，且两个模型的转换结果完全相同。建议对于小区域坐标转换使用 Molodensky 模型，大区域使用 Bursa 模型。

（5）从大地坐标系到空间直角坐标系的全微分公式入手，推导了点位误差在两坐标系下的传播公式。根据误差传播公式计算点位误差时，其传播矩阵复杂，且误差的单位不统一，不利于实际应用。而本章提出的将误差单位统一用长度表示时，推导的误差传播矩阵不仅形式简单，且为正交矩阵。此时，大地坐标系下三个参数的误差能直接反应平面和高程上的测量精度。推导的大地坐标系与空间直角坐标系之间的误差传播公式，可代替现有的空间直角坐标系与高斯平面直角坐标系之间复杂的误差传播公式，其形式简单，且能满足传播精度要求。从理论和算例两个方面证明了基线向量误差和点位误差传播是等价的，可以用理论和形式简单的点位误差传播公式代替基线向量误差传播公式。

第 7 章　总结与展望

7.1　总结

本书主要针对反射信号建模及其应用开展了相关研究工作,主要研究了反射信号特性、GPS 基线向量多路径误差反演、基于 SNR 的 GPS-IR 技术机理、GPS-IR 技术湖面高度与土壤含水量测量应用、镜面反射点位置与反射区域估计等问题。本书的主要研究成果有:

(1) 研究了任意位置和地表反射物对反射信号相位延迟的影响,比较了多路径误差的经典合成信号模型和 HM 合成信号模型的区别,分析了 GPS 信噪比观测值的形态。实验表明:① 对于任意位置反射物,反射物的大地方位角、高度角和反射距离对反射信号相位延迟的影响均较大;② 对于地表反射物,垂直反射距离和卫星高度角对反射信号相位延迟的影响较大;③ 与经典合成信号模型相比,HM 合成信号模型表示反射信号的变化更加合理;④ 信噪比观测值序列呈近似"抛物线+余弦曲线"形态。

(2) 针对半参数模型反演 GPS 基线向量多路径误差秩亏问题,提出了参数分类约束的广义选权拟合法,对不同类参数分别构造正则化矩阵。为了实用,推导了基于基线向量改正数和多路径误差差分虚拟观测值的广义选权拟合等价模型和 GPS 基线向量误差在不同坐标系间的传播公式。实验表明:选取虚拟观测方程差分阶数除了考虑参数先验信息之外,还要顾及观测方程之间的相关性;等价模型能够有效地将多路径误差从基线向量观测值中分离出来,并实现基线向量的高精度估计。

(3) 针对现有研究对 GPS-IR 技术的反射信号接收、低卫星高度角信噪比观测值的使用、信噪比残差的形态等机理还未阐释清楚的问题,从理论和实验两方面对 GPS-IR 技术机理进行了分析。阐释了 GPS 卫星发射的信号经反射物一次反射后极化特性发生改变,在接收机底部安装有抑径板的情况下,测量型 GPS 接收机天线仍能接收反射信号,且 GPS-IR 应用中只使用低卫星高度角信噪比观测值的原因。根据测量型 GPS 接收机天线对直射信号和反射信号设计出不同的增益模式,分析了直射信号和反射信号在振幅上的区别,根据这一区别以及信号振幅与信噪比的关系,给出了直射信号和反射信号信噪比的形态,实现了直射信号和反射信号信噪比的分离,从而建立了基于信噪比残差的余弦函数反演模型。

(4) 研究了 GPS-IR 在测量湖面高度和土壤含水量中的应用。① 在 GPS-IR 测量湖面高度中,针对 Lomb-Scargle 频谱分析法只能处理弱噪声的大样本观测值的问题,提出了基于稳健非线性最小二乘估计的信赖域法解算反射信号参数,当反射信号信噪比中含有异常观测值时,可在一定程度上减弱异常观测值的影响;考虑信噪比单位线性化可能会改变信噪比的形态,建议信赖域法估计反射信号参数时使用原始单位信噪比。② 在 GPS-IR 测量土壤含水量中,针对最小二乘法估计反射信号参数未考虑观测方程系数矩阵误差的问题,提出了利用总体最小二乘法解算反射信号参数,部分情形下,可以获得更加准确的结果;反射信号相位与土壤含水量间存在较强的线性相关,两者之间可建立线性模型,但在连续降雨条件下会存在较大误差。

(5) 研究了镜面反射点位置和反射区域估计方法。① 针对现有镜面反射点位置估计算法偏差较大且计算效率低的问题,提出了基于地球椭球面法线的椭球面算法和基于站心坐标系的平面算法,镜面反射点位置估计准确,计算效率高。② 在镜面反射点位置在不同坐标系的转换中,针对经典平面四参数模型存在严重的病态性,无法获得稳定可靠的转换参数的问题,通过测区坐标中心化及误差方程缩小系数处理,可明显减小法方程系数矩阵元素的数量级差异,使模型达到良态,获得稳定可靠的转换参数;分析了 Bursa 和 Molodensky 模型的适用条件,对于小区域坐标转换使用 Molodensky 模型,大区域使用 Bursa 模型。③ 推导了 GPS 点位误差在不同坐标系的传播公式,证明了基线向量误差与点位误差传播方法的等价性。

7.2　创新点

本书的创新点主要体现在以下三个方面:

(1) 针对半参数模型反演 GPS 基线向量多路径误差秩亏的问题,提出了对所有参数进行分类约束的广义选权拟合法,推导了广义选权拟合法的等价模型和 GPS 基线向量误差在不同坐标系间的传播公式,等价模型能够有效地将多路径误差从基线向量观测值中分离出来,并实现基线向量的高精度估计。

（2）从理论和实验方面分析了 GPS-IR 技术机理并应用于湖面高度和土壤含水量测量。针对湖面高度测量中 Lomb-Scargle 法只能处理弱噪声大样本观测值问题,提出了利用信赖域法解算反射信号参数;针对土壤含水量测量中最小二乘法估计反射信号参数未考虑观测方程系数矩阵误差问题,提出了利用总体最小二乘法解算反射信号参数。

（3）针对现有镜面反射点位置估计算法偏差较大的问题,提出了基于地球椭球面法线的椭球面算法和站心坐标系的平面算法,反射点位置估计准确;针对平面四参数模型存在病态性问题,通过坐标中心化及误差方程缩小系数使模型达到良态;推导了 GPS 点位误差在不同坐标系间的传播公式,证明了基线向量误差与点位误差传播方法的等价性。

7.3　展望

本书以 GPS 反射信号为研究对象,还有部分工作需要进一步完善:

（1）使用广义选权拟合法分离静态测量中基线向量多路径误差取得较好的效果,动态变形监测中多路径误差的分离还有待深入研究。

（2）对于反射信号测量水面高度,还需要考虑波浪等因素的影响。

（3）对于反射信号测量土壤含水量,还需要考虑植被、连续降雨等因素的影响以及总体最小二乘法的适用性模型。

（4）通过增加观测数据量和扩展应用领域,进一步分析不同单位信噪比及 Lomb-Scargle 频谱分析法和信赖域法的适用情况。

参 考 文 献

［1］王敏.GPS 数据处理方面的最新进展及其对定位结果的影响［J］.国际地
震动态,2007,37(7):3-8.

［2］陈俊勇,党亚明,程鹏飞.全球导航卫星系统的进展［J］.大地测量与地球
动力学,2007,27(5):1-4.

［3］SCHMID R,DACH R,COLLILIEUX X,et al.Absolute IGS antenna
phase center model IGS08.atx:status and potential improvements［J］.
Journal of geodesy,2016,90(4):343-364.

［4］ZHANG J,BOCK Y,JOHNSON H,et al.Southern Californiapermanent
GPS geodetic array:error analysis of daily position estimates and site ve-
locities［J］.Journal of geophysical research:solid earth,1997,102(B8):
18035-18055.

［5］SEEBER G,MENGE F,VÖLKSEN C,et al.Precise GPS positioning im-
provements by reducing antenna and site dependent effects［M］//Ad-
vances in Positioning and Reference Frames.Heidelberg:Springer,1998.

［6］FANG P,BEVIS M,BOCK Y,et al.GPS meteorology:reducingsystematic er-
rors in geodetic estimates for zenith delay［J］.Geophysical research let-
ters,1998,25(19):3583-3586.

［7］BAR-SEVER Y E.A new model for GPS yaw attitude［J］.Journal of ge-
odesy,1996,70(11):714-723.

［8］PARK K D,ELÓSEGUI P,DAVIS J L,et al.Development of an antenna
and multipath calibration system for Global Positioning System sites［J］.
Radio science,2004,39(5):RS5002.

［9］HILL E M,DAVIS J L,ELÓSEGUI P,et al.Characterization ofsite-spe-
cific GPS errors using a short-baseline network of braced monuments at
Yucca Mountain,Southern Nevada［J］.Journal of geophysical research:
solid earth,2009,114(B11):B11402.

[10] MASTERS D,AXELRAD P,KATZBERG S. Initial results of land-reflected GPS bistatic radar measurements in SMEX02[J]. Remote sensing of environment,2004,92(4):507-520.

[11] KATZBERG S J,TORRES O,GRANT M S,et al. Utilizing calibrated GPS reflected signals to estimate soil reflectivity and dielectric constant:results from SMEX02[J]. Remote sensing of environment,2006, 100(1):17-28.

[12] GRANT M S,ACTON S T,KATZBERG S J. Terrain moisture classification using GPS surface-reflected signals[J]. IEEE geoscience and remote sensing letters,2007,4(1):41-45.

[13] RODRIGUEZ-ALVAREZ N,BOSCH-LLUIS X,CAMPS A,et al. Soil moisture retrieval using GNSS-R techniques:experimental results over a bare soil field[J]. IEEE transactions on geoscience and remote sensing,2009,47(11):3616-3624.

[14] 严颂华,龚健雅,张训械,等. GNSS-R 测量地表土壤湿度的地基实验 [J]. 地球物理学报,2011,54(11):2735-2744.

[15] 刘经南,邵连军,张训械. GNSS-R 研究进展及其关键技术[J]. 武汉大学 学报·信息科学版,2007,32(11):955-960.

[16] JACOBSON M D. Dielectric-covered ground reflectors in GPS multipath reception:theory and measurement[J]. IEEE geoscience and remote sensing letters,2008,5(3):396-399.

[17] JACOBSON M D. Inferring snow water equivalent for a snow-covered ground reflector using GPS multipath signals[J]. Remote sensing, 2010,2(10):2426-2441.

[18] NIEVINSKI F G,LARSON K M. Forward modeling of GPS multipath for near-surface reflectometry and positioning applications[J]. GPS solutions,2014,18(2):309-322.

[19] NIEVINSKI F G,LARSON K M. Inverse modeling of GPS multipath for snow depth estimation—part Ⅰ:formulation and simulations[J]. IEEE transactions on geoscience and remote sensing, 2014, 52 (10): 6555-6563.

[20] NIEVINSKI F G,LARSON K M. Inverse modeling of GPS multipath for snow depth estimation—part Ⅱ:application and validation[J]. IEEE transac-

tions on geoscience and remote sensing,2014,52(10):6564-6573.

[21] GUTMANN E D,LARSON K M,WILLIAMS M W,et al. Snow measurement by GPS interferometric reflectometry:an evaluation at Niwot Ridge,Colorado[J]. Hydrological processes,2012,26(19):2951-2961.

[22] EVANS S G,SMALL E E,LARSON K M. Comparison of vegetation phenology in the western USA determined from reflected GPS microwave signals and NDVI[J]. International journal of remote sensing, 2014,35(9):2996-3017.

[23] OCHSNER T E,COSH M H,CUENCA R H,et al. State of the art in large-scale soil moisture monitoring[J]. Soil science society of America journal,2013,77(6):1888-1919.

[24] OGAJA C,SATIRAPOD C. Analysis of high-frequency multipath in 1-Hz GPS kinematic solutions[J]. GPS solutions,2007,11(4):269-280.

[25] 李川.GPS多路径误差削弱方法研究[D].重庆:重庆大学,2017.

[26] 王尔申,张淑芳,张芝贤.GPS接收机抗多径技术研究现状与趋势[J].电讯技术,2011,51(1):114-119.

[27] GROVES P D,JIANG Z Y. Height aiding,C/N0 weighting and consistency checking for GNSS NLOS and multipath mitigation in urban areas[J]. Journal of navigation,2013,66(5):653-669.

[28] BARTONE C G,KIRAN S. Flight test results of an integrated wideband airport pseudolite for the local area augmentation system[J]. Navigation,2001,48(1):35-48.

[29] 李征航,黄劲松.GPS测量与数据处理[M].武汉:武汉大学出版社,2005.

[30] VAN DIERENDONCK A J,FENTON P,FORD T. Theory and performance of narrow correlator spacing in a GPS receiver[J]. Navigation,1992,39(3):265-283.

[31] VAN NEE R D J,SIEREVELD J,FENTON P C,et al. The multipath estimating delay lock loop:approaching theoretical accuracy limits [C]//Proceedings of 1994 IEEE Position, Location and Navigation Symposium-PLANS'94. April 11-15, 1994, Las Vegas, NV, USA. IEEE,1994:246-251.

[32] VAN DIERENDONCK A J,FENTON P,FORD T. Theory and per-

formance of narrow correlator spacing in a GPS receiver[J]. Navigation,1992,39(3):265-283.

[33] 孙晓文,张淑芳,胡青,等.一种基于改进的 Rake 模型的 GNSS 接收机抗多径新技术[J].电子学报,2011,39(10):2422-2426.

[34] AXELRAD P,COMP C J,MACDORAN P F. SNR-based multipath error correction for GPS differential phase[J]. IEEE transactions on aerospace and electronic systems,1996,32(2):650-660.

[35] BOCK Y,NIKOLAIDIS R M,DE JONGE P J,et al. Instantaneous geodetic positioning at medium distances with the Global Positioning System[J]. Journal of geophysical research:solid earth,2000,105(B12):28223-28253.

[36] AGNEW D C,LARSON K M. Finding the repeat times of the GPS constellation[J]. GPS solutions,2007,11(1):71-76.

[37] ZHONG P,DING X L,ZHENG D W,et al. Adaptive wavelet transform based on cross-validation method and its application to GPS multipath mitigation[J]. GPS solutions,2008,12(2):109-117.

[38] RAGHEB A E,CLARKE P J,EARDS S J. GPS sidereal filtering:coordinate- and carrier-phase-level strategies[J]. Journal of geodesy,2007,81(5):325-335.

[39] LARSON K M,BILICH A,AXELRAD P. Improving the precision of high-rate GPS[J]. Journal of geophysical research:solid earth,2007,112(B5):B05422.

[40] 殷海涛,甘卫军,肖根如.恒星日滤波的修正以及对高频 GPS 定位的影响研究[J].武汉大学学报·信息科学版,2011,36(5):609-611.

[41] GE L L,HAN S W,RIZOS C. Multipath mitigation of continuous GPS measurements using an adaptive filter[J]. GPS solutions,2000,4(2):19-30.

[42] MOSCHAS F,STIROS S. Dynamic multipath in structural bridge monitoring:an experimental approach[J]. GPS solutions,2014,18(2):209-218.

[43] 黄声享,李沛鸿,杨保岑,等. GPS 动态监测中多路径效应的规律性研究[J].武汉大学学报·信息科学版,2005,30(10):877-880.

[44] SATIRAPOD C,RIZOS C. Multipath mitigation by wavelet analysis for

gps base station applications[J]. Survey review,2005,38(295):2-10.

[45] DONG D,WANG M,CHEN W,et al. Mitigation of multipath effect in GNSS short baseline positioning by the multipath hemispherical map [J]. Journal of geodesy,2016,90(3):255-262.

[46] CHEN C,CHANG G B,ZHENG N S,et al. GNSS multipath error modeling and mitigation by using sparsity-promoting regularization[J]. IEEE access,2019,7:24096-24108.

[47] DAI W J,HUANG D W,CAI C S. Multipath mitigation via component analysis methods for GPS dynamic deformation monitoring[J]. GPS so-lutions,2014,18(3):417-428.

[48] LIU H C,LI X J,GE L L,et al. Variable length LMS adaptive filter for carrier phase multipath mitigation[J]. GPS solutions,2011,15 (1): 29-38.

[49] LARSON K M,GUTMANN E D,ZAVOROTNY V U,et al. Can we measure snow depth with GPS receivers? [J]. Geophysical research letters,2009,36(17):L17502.

[50] LARSON K M,NIEVINSKI F G. GPS snow sensing:results from the EarthScope Plate Boundary Observatory[J]. GPS solutions,2013,17 (1):41-52.

[51] OZEKI M,HEKI K. GPS snow depth meter with geometry-free linear combinations of carrier phases[J]. Journal of geodesy,2012,86(3):209-219.

[52] HEFTY J. Using GPS multipath for snow depth sensing-first experience with data from permanent stations in Slovakia[J]. Acta geodynamica et geomaterialia,2013:53-63.

[53] YU K G,BAN W,ZHANG X H,et al. Snow depth estimation based on multipath phase combination of GPS triple-frequency signals[J]. IEEE transactions on geoscience and remote sensing,2015,53(9):5100-5109.

[54] NAJIBI N,JIN S G. Physical reflectivity and polarization characteristics for snow and ice-covered surfaces interacting with GPS signals[J]. Re-mote sensing,2013,5(8):4006-4030.

[55] JIN S G,NAJIBI N. Sensing snow height and surface temperature vari-ations in Greenland from GPS reflected signals[J]. Advances in space

research,2014,53(11):1623-1633.

[56] JIN S G,QIAN X D,KUTOGLU H. Snow depth variations estimated from GPS-reflectometry:a case study in Alaska from L2P SNR data [J]. Remote sensing,2016,8(1):63.

[57] LARSON K M,LÖFGREN J S,HAAS R. Coastal sea level measurements using a single geodetic GPS receiver[J]. Advances in space research,2013,51(8):1301-1310.

[58] LARSON K M,RAY R D,WILLIAMS S D P. A 10-year comparison of water levels measured with a geodetic GPS receiver versus a conventional tide gauge[J]. Journal of atmospheric and oceanic technology, 2017,34(2):295-307.

[59] 吴继忠. GNSS 测站环境误差模型化方法及其应用研究[D]. 武汉:武汉大学,2012.

[60] 吴继忠,杨荣华. 利用 GPS 接收机反射信号测量水面高度[J]. 大地测量与地球动力学,2012,32(6):135-138.

[61] 张双成,南阳,李振宇,等. GNSS-MR 技术用于潮位变化监测分析[J]. 测绘学报,2016,45(9):1042-1049.

[62] LARSON K M,SMALL E E,GUTMANN E,et al. Using GPS multipath to measure soil moisture fluctuations:initial results[J]. GPS solutions,2008,12(3):173-177.

[63] LARSON K M,BRAUN J J,SMALL E E,et al. GPS multipath and its relation to near-surface soil moisture content[J]. IEEE journal of selected topics in applied earth observations and remote sensing,2010,3 (1):91-99.

[64] ZAVOROTNY V U,LARSON K M,BRAUN J J,et al. A physical model for GPS multipath caused by land reflections:toward bare soil moisture retrievals[J]. IEEE journal of selected topics in applied earth observations and remote sensing,2010,3(1):100-110.

[65] CHEW C C,SMALL E E,LARSON K M,et al. Effects of near-surface soil moisture on GPS SNR data:development of a retrieval algorithm for soil moisture[J]. IEEE transactions on geoscience and remote sensing,2014,52(1):537-543.

[66] CHEW C,SMALL E E,LARSON K M. An algorithm for soil moisture

estimation using GPS-interferometric reflectometry for bare and vege-tated soil[J]. GPS solutions,2016,20(3):525-537.

[67] VEY S,GÜNTNER A,WICKERT J,et al. Long-term soil moisture dy-namics derived from GNSS interferometric reflectometry:a case study for Sutherland,South Africa[J]. GPS solutions,2016,20(4):641-654.

[68] 敖敏思,胡友健,刘亚东,等.GPS 信噪比观测值的土壤湿度变化趋势反演[J].测绘科学技术学报,2012,29(2):140-143.

[69] 敖敏思,朱建军,胡友健,等.利用 SNR 观测值进行 GPS 土壤湿度监测[J].武汉大学学报·信息科学版,2015,40(1):117-120.

[70] 敖敏思,朱建军,胡友健,等.利用窗口 GPS 多径干涉相位反演土壤湿度[J].武汉大学学报·信息科学版,2018,43(9):1328-1332.

[71] 吴继忠,王天,吴玮.利用 GPS-IR 监测土壤含水量的反演模型[J].武汉大学学报·信息科学版,2018,43(6):887-892.

[72] IRSIGLER M. Characterization of multipath phase rates in different multipath environments[J]. GPS solutions,2010,14(4):305-317.

[73] TREGONING P,HERRING T A. Impact of a priori zenith hydrostatic delay errors on GPS estimates of station heights and zenith total delays [J]. Geophysical research letters,2006,33(23):L23303.

[74] 赵长胜,周立,王爱生.GNSS 原理及其应用[M].北京:测绘出版社,2015.

[75] SOUZA E M,MONICO J F G. Wavelet Shrinkage:high frequency mul-tipath reduction from GPS relative positioning[J]. GPS solutions,2004,8(3):152-159.

[76] 袁林果,黄丁发,丁晓利,等.GPS 载波相位测量中的信号多路径效应影响研究[J].测绘学报,2004,33(3):210-215.

[77] HANSEN P C,O'LEARY D P. The use of the L-curve in the regulari-zation of discrete ill-posed problems[J]. SIAM journal on scientific computing,1993,14(6):1487-1503.

[78] 王振杰.测量中不适定问题的正则化解法[M].北京:科学出版社,2006.

[79] REN C,OU J K,YUAN Y B. Application of adaptive filtering by selec-ting the parameter weight factor in precise kinematic GPS positioning [J]. Progress in natural science,2005,15(1):41-46.

[80] 阳仁贵,欧吉坤,王爱生.一种有效的单频 GPS 相位模糊度解算方法

[J]. 辽宁工程技术大学学报,2007,26(1):33-36.

[81] 闻德保,张啸,张光胜,等. 基于选权拟合法的电离层电子密度层析重构[J]. 地球物理学报,2014,57(8):2395-2403.

[82] 于胜杰,柳林涛. 利用选权拟合法进行 GPS 水汽层析解算[J]. 武汉大学学报·信息科学版,2012,37(2):183-186.

[83] 罗孝文,欧吉坤,金翔龙,等. 利用选权拟合法实现中长基线网络 RTK 周跳的实时探测[J]. 自然科学进展,2008,18(8):901-907.

[84] 郝明,欧吉坤,郭建锋,等. 一种加速精密单点定位收敛的新方法[J]. 武汉大学学报·信息科学版,2007,32(10):902-905.

[85] 高永梅,欧吉坤. 利用系统误差延续性的基线解算选权拟合法[J]. 武汉大学学报·信息科学版,2009,34(7):787-789.

[86] 阳仁贵,袁运斌,欧吉坤. 相位实时差分技术应用于飞行器交会对接研究[J]. 中国科学:物理学·力学·天文学,2010,40(5):651-657.

[87] 柯小平. 青藏高原地壳结构的重力正反演研究[D]. 武汉:中国科学院测量与地球物理研究所,2006.

[88] 陈希孺,王松桂. 近代回归分析:原理方法及应用[M]. 合肥:安徽教育出版社,1987.

[89] 王松桂. 线性模型的理论及其应用[M]. 合肥:安徽教育出版社,1987.

[90] 王振杰. 大地测量中不适定问题的正则化解法研究[D]. 武汉:中国科学院测量与地球物理研究所,2003.

[91] HOERL A E,KENNARD R W. Ridge regression:biased estimation for nonorthogonal problems[J]. Technometrics,1970,12(1):55-67.

[92] HANSEN P C. The truncated SVD as a method for regularization[J]. BIT numerical mathematics,1987,27(4):534-553.

[93] WIGGINS R A. The general linear inverse problem:implication of surface waves and free oscillations for Earth structure[J]. Reviews of geophysics,1972,10(1):251.

[94] BELL J B,TIKHONOV A N,ARSENIN V Y. Solutions of ill-posed problems[J]. Mathematics of computation,1978,32(144):1320.

[95] 刘丁西. 矩阵分析[M]. 武汉:武汉大学出版社,2003.

[96] 欧吉坤. 测量平差中不适定问题解的统一表达与选权拟合法[J]. 测绘学报,2004,33(4):283-288.

[97] 王爱生,欧吉坤,阳仁贵. 选权拟合法解的特性探讨[J]. 武汉大学学报·

信息科学版,2011,36(7):835-838.

[98] 陶本藻.自由网平差与变形分析[M].北京:测绘出版社,1984.

[99] 孙海燕,吴云.半参数回归与模型精化[J].武汉大学学报·信息科学版,
     2002,27(2):172-174.

[100] 李庆扬,王能超,易大义.数值分析[M].4版.北京:清华大学出版
      社,2001.

[101] 王爱生.数据质量控制理论及在 GPS 数据处理中的应用[D].武汉:中
      国科学院测量与地球物理研究所,2008.

[102] 王振杰,欧吉坤,曲国庆,等.用 L-曲线法确定半参数模型中的平滑因子
      [J].武汉大学学报·信息科学版,2004,29(7):651-653.

[103] HANSEN P C. Analysis of discrete ill-posed problems by means of the
      L-curve[J]. SIAM review,1992,34(4):561-580.

[104] 徐绍铨,张华海,杨志强,等.GPS 测量原理及应用[M].3版.武汉:武
      汉大学出版社,2008.

[105] 孔祥元,郭际明,刘宗泉.大地测量学基础[M].2版.武汉:武汉大学出
      版社,2010.

[106] 刘经南.三维基线向量与大地坐标差间的微分公式及其应用[J].武汉
      测绘科技大学学报,1991,16(3):70-78.

[107] 赵长胜,乔仰文.空间三维基线向量大地坐标差与高斯平面二维基线向
      量间的精度转换[J].测绘工程,1995,4(1):14-19.

[108] 施一民.采用新型大地坐标系进行地形变分析的探索[J].大地测量与
      地球动力学,2007,27(1):65-68.

[109] 卞和方,张书毕,张秋昭,等.在常用坐标系下 GNSS 点位误差转换方法
      研究[J].大地测量与地球动力学,2012,32(4):83-86.

[110] 施一民,朱紫阳,范业明.坐标参数为长度量的一种新型的大地坐标系
      [J].同济大学学报(自然科学版),2005,33(11):1537-1540.

[111] 张书毕.测量平差[M].徐州:中国矿业大学出版社,2008.

[112] 蔡剑红.一种新的点位误差度量[J].测绘学报,2009,38(3):276-279.

[113] 杨元喜.关于"新的点位误差度量"的讨论[J].测绘学报,2009,38(3):
      280-282.

[114] 卞和方,张书毕,张秋昭,等.点位误差位置相关性分析及验证[J].中国
      矿业大学学报,2013,42(1):129-133.

[115] 杨东凯,张其善.GNSS 反射信号处理基础与实践[M].北京:电子工业

出版社,2012.

[116] 李黄,夏青,尹聪,等. 我国 GNSS-R 遥感技术的研究现状与未来发展趋势[J]. 雷达学报,2013,2(4):389-399.

[117] 孙小荣,刘支亮,郑南山,等. 两种新的 GNSS-R 镜面反射点位置估计算法[J]. 中国矿业大学学报,2017,46(4):917-923.

[118] 谢处方,饶克谨. 电磁场与电磁波[M]. 4 版. 北京:高等教育出版社,2006.

[119] 张正禄,司少先,李学军,等. 地下管线探测和管网信息系统[M]. 北京:测绘出版社,2007.

[120] ZAVOROTNY V U,VORONOVICH A G. Scattering of GPS signals from the ocean with wind remote sensing application[J]. IEEE transactions on geoscience and remote sensing,2000,38(2):951-964.

[121] 吴诗其,朱立东. 通信系统概论[M]. 北京:清华大学出版社,2005.

[122] 吴雨航,陈秀万,吴才聪. 利用信噪比削弱多路径误差的方法研究[J]. 武汉大学学报·信息科学版,2008,33(8):842-845.

[123] 赵建虎. 现代海洋测绘:下册[M]. 武汉:武汉大学出版社,2008.

[124] 周鹏,丁建丽,王飞,等. 植被覆盖地表土壤水分遥感反演[J]. 遥感学报,2010,14(5):959-973.

[125] 王安琪. 大尺度被动微波辐射计土壤水分降尺度方法研究[D]. 北京:首都师范大学,2013.

[126] 吴涛,张荣标,冯友兵. 土壤水分含量测定方法研究[J]. 农机化研究,2007,29(12):213-217.

[127] 吴黎,张有智,解文欢,等. 土壤水分的遥感监测方法概述[J]. 国土资源遥感,2014,26(2):19-26.

[128] SCARGLE J D. Studies in astronomical time series analysis. II-statistical aspects of spectral analysis of unevenly spaced data[J]. The astrophysical journal letters,1982,263:835.

[129] YIN Z,2,MA L,et al. Long-term variations of solar activity[J]. Chinese science bulletin,2007,52(20):2737-2741.

[130] XIAN J,WANG J P,DAI D Q. Detecting periodically expression in unevenly spaced microarray time series[C]//Computational Science-ICCS 2007. Berlin,Heidelberg:Springer Berlin Heidelberg,2007:102-110.

[131] 王新洲. 非线性模型参数估计理论与应用[M]. 武汉:武汉大学出版社,2002.

[132] PEARSON K. On lines and planes of closest fit to systems of points in space[J]. Philosophical magazine,1901(2):559-572.

[133] GOLUB G H,VAN LOAN C F. An analysis of the total least squares problem [J]. SIAM journal on numerical analysis, 1980, 17 (6): 883-893.

[134] VAN HUFFEL S, VANDEWALLE J. The total least squares problem [M]. Philadelphia:Society for Industrial and Applied Mathematics,1991.

[135] SCHAFFRIN B,LEE I,CHOI Y,et al. Total least-squares (TLS) for geodetic straight-line and plane adjustment[J]. Bollettino di geodesia e scienze affini,2006,65(3):141-168.

[136] GLEASON S,GEBRE-EGZIABHER D. GNSS applications and methods[M]. Fitchburg:Artech House,2009.

[137] 万玮,陈秀万,李国平,等. GNSS-R 遥感国内外研究进展[J]. 遥感信息,2012,27(3):112-119.

[138] 张华海,王宝山,赵长胜. 应用大地测量学[M]. 2 版. 徐州:中国矿业大学出版社,2008.

[139] 施一民. 现代大地控制测量[M]. 2 版. 北京:测绘出版社,2008.

[140] 王解先,王军,陆彩萍. WGS-84 与北京 54 坐标的转换问题[J]. 大地测量与地球动力学,2003,23(3):70-73.

[141] 宁津生,刘经南,陈俊勇. 现代大地测量理论与技术[M]. 武汉:武汉大学出版社,2006.

[142] 赵长胜,乔仰文,张贵元. 空间直角坐标向高斯平面坐标转换时精度转换公式及其应用[J]. 阜新矿业学院学报(自然科学版),1996,15(3):48-51.

[143] 孙小荣,徐爱功,张书毕,等. 平面直角坐标与空间直角坐标间的协方差转换[J]. 测绘通报,2012(3):53-55.

[144] WU S C,MEEHAN T,YONG L. The potential use of GPS signals as ocean altimetry observable [C]//Proceedings of the 1997 national technical meeting of the institute of Navigation,Santa Monica,CA, 1997:543-550.

[145] WAGNER C,KLOKOCNIK J. The value of ocean reflections of GPS

signals to enhance satellite altimetry: data distribution and error analysis[J]. Journal of geodesy, 2003, 77(3/4): 128-138.

[146] KOSTELECKY J, KLOKOCNIK J, WAGNER C A. Geometry and accuracy of reflecting points in bistatic satellite altimetry[J]. Journal of geodesy, 2005, 79(8): 421-430.

[147] 张波, 王峰, 杨东凯. 基于线段二分法的 GNSS-R 镜面反射点估计算法 [J]. 全球定位系统, 2013, 38(5): 11-16.

[148] TORGE W. Geodesy[M]. Berlin: De Gruyter, 2001.

[149] HELM, ACHIM. Ground-based GPS altimetry with the L1 open GPS receiver using carrier phase-delay observations of reflected GPS signals[R]. Telegrafenberg: Helmholtz Potsdam Center, 2008.

[150] 胡伍生, 潘庆林. 土木工程测量[M]. 4 版. 南京: 东南大学出版社, 2012.

[151] 孙小荣, 李明峰, 刘支亮, 等. 常用坐标系间 GNSS 基线向量误差转换方法研究[J]. 大地测量与地球动力学, 2014, 34(5): 114-119.

[152] 杨元喜, 张丽萍. 中国大地测量数据处理 60 年重要进展 第二部分: 大地测量参数估计理论与方法的主要进展[J]. 地理空间信息, 2010, 8(1): 1-6.

[153] 卢秀山, 冯遵德, 刘纪敏. 病态系统分析理论及其在测量中的应用[M]. 北京: 测绘出版社, 2007.

[154] 归庆明, 郭建锋, 边少锋. 基于特征系统的病态性诊断[J]. 测绘科学, 2002, 27(2): 13-15.

[155] 徐天河, 杨元喜. 均方误差意义下正则化解优于最小二乘解的条件[J]. 武汉大学学报·信息科学版, 2004, 29(3): 223-226.

[156] 王解先. 七参数转换中参数之间的相关性[J]. 大地测量与地球动力学, 2007, 27(2): 43-46.

[157] 沈云中, 胡雷鸣, 李博峰. Bursa 模型用于局部区域坐标变换的病态问题及其解法[J]. 测绘学报, 2006, 35(2): 95-98.

[158] 陈正宇, 刘春. 基于多参数正则化的空间坐标转换与精度分析[J]. 大地测量与地球动力学, 2008, 28(1): 92-95.

[159] 李金岭, 刘鹂, 乔书波, 等. 关于三维直角坐标七参数转换模型求解的讨论[J]. 测绘科学, 2010, 35(4): 76-78.

[160] 陈宇, 白征东, 罗腾. 基于改进的布尔沙模型的坐标转换方法[J]. 大地测量与地球动力学, 2010, 30(3): 71-73.

［161］于彩霞,黄文骞,樊沛.Bursa 的 3 参数模型与 7 参数模型的适用性研究［J］.测绘科学,2008,33(2):96-97.

［162］孙小荣,张书毕,徐爱功,等.七参数坐标转换模型的适用性分析［J］.测绘科学,2012,37(6):37-39.

［163］张恒璟,程鹏飞,孙小荣.多项式拟合模型病态性问题的分析与应用研究［J］.测绘通报,2012(7):35-38.

［164］孙志忠,袁慰平,闻震初.数值分析［M］.2 版.南京:东南大学出版社,2002.

［165］孔祥元,郭际明.控制测量学:下册［M］.3 版.武汉:武汉大学出版社,2006.